普通高等教育"十四五"规划教材

冶金工业出版社

有色金属材料轻量化设计

姜艳丽　喻　亮　主编

北　京

冶金工业出版社

2022

内 容 提 要

本书共分三篇，内容包括：轻量化材料、轻量化设计理论基础和轻量化设计实例。主要介绍了材料选择的准则和铝、镁、钛等合金；轻量化设计的目标、设计方法和原则；有限元法计算轻量材料力学、热学、电磁学等性能的实例；零维、一维、二维、三维显微结构增强复合材料的数值建模策略，及有限元法计算复合材料界面及力学、热学等性能的实例。

本书可供高等院校材料类、冶金类专业本科生或研究生学习使用，也可供材料、冶金的相关专业工程技术人员和研究人员参考。

图书在版编目（CIP）数据

有色金属材料轻量化设计/姜艳丽，喻亮主编.—北京：冶金工业出版社，2022.5

普通高等教育"十四五"规划教材

ISBN 978-7-5024-9087-4

Ⅰ.①有… Ⅱ.①姜… ②喻… Ⅲ.①有色金属—金属材料—设计—高等学校—教材 Ⅳ.①TG146

中国版本图书馆 CIP 数据核字（2022）第 046154 号

有色金属材料轻量化设计

出版发行	冶金工业出版社	电　　话	（010）64027926
地　　址	北京市东城区嵩祝院北巷 39 号	邮　　编	100009
网　　址	www.mip1953.com	电子信箱	service@ mip1953.com

责任编辑　杨盈园　美术编辑　彭子赫　版式设计　郑小利
责任校对　王永欣　责任印制　李玉山
三河市双峰印刷装订有限公司印刷
2022 年 5 月第 1 版，2022 年 5 月第 1 次印刷
787mm×1092mm　1/16；13 印张；312 千字；196 页
定价 48.00 元

投稿电话　（010）64027932　投稿信箱　tougao@cnmip.com.cn
营销中心电话　（010）64044283
冶金工业出版社天猫旗舰店　yjgycbs.tmall.com
（本书如有印装质量问题，本社营销中心负责退换）

前　　言

由于环保和节能的需要，轻量化技术已经成为世界汽车、航空业发展的必然需求。轻量化设计的应用通常通过材料轻量化、轻量化连接工艺以及结构轻量化设计与优化来实现。当然，这三个基本方法并不是孤立存在的，如能将三者组合使用，那么减重效果将是最好的。

材料轻量化技术，一方面是通过提高材料的力学性能，间接降低整体产品的材料用量，达到减重的目的；另一方面是通过采用轻量化的金属和非金属材料实现，主要包括铝合金、镁合金、钛合金、工程塑料以及各种复合材料。材料轻量化技术也是当前航空航天、轨道交通等行业的发展趋势。本书重点介绍了铝合金、镁合金和钛合金等轻质量合金的基本知识、成型工艺、热处理方法以及应用案例等，由浅入深，便于读者掌握。

轻量化连接工艺技术是通过先进的制造及连接技术来提高材料的强度。比如以前在铆接方式中产生的材料孪晶作用，现在就可以通过相互的焊接来避免，基于焊接产生的高强度以及由此创造出的新的设计潜能，可以实现全新的结构设计。这一领域进展持续至今，最新的实例如大型客机舱体的激光焊接（如 A318、A380）以及现代轿车的车身制造等。

结构轻量化设计与优化通常是采用计算机进行结构设计。如采用有限元分析法，通过网格单元的应力分布情况来决定材料的保留还是去除，这将是未来结构设计的大方向。本书系统介绍了轻量化设计的发展现状、设计方法、设计原则和计算方法。为了增强本书的实用性，使广大读者更便于学习和掌握，作者特意安排在本书最后一篇编入了轻量材料力学设计、热学设计、电/磁耦合场分析和显微结构轻量化设计 4 个方面的设计实例。

本书可作为高等院校材料类、冶金类专业以及工业设计、汽车设计、车辆工程类专业本科生教材使用，也可作为研究生的参考教材及从事汽车工业设计工作的技术人员的参考书，课时安排可以根据专业选择，建议授课理论课时为60 学时。

本书由姜艳丽、喻亮任主编，康晓安对全稿进行校对。作者对书中参考和引用的文献作者及其所在单位表示由衷的感谢。

作者衷心地希望本教材能给在求学求知道路上执着前行的莘莘学子以启迪。由于编者水平所限，书中难免存在遗漏和不妥之处，敬请读者谅解和指正。

作 者

2022 年 5 月

目　　录

第1篇　轻量化设计——材料

第 2 篇　轻量化设计

第 3 篇　轻量化设计——有限元方法（FEM）

第1篇　轻量化设计——材料

1　材料选择的准则

现代轻量化可采用的材料范围极为广泛，传统上主要是采用高强度钢和铝合金，随着需求的日益增长，镁合金与钛合金的应用也越来越广泛。如今人们在开发新型复合材料及其应用方面付出了极大的努力。为了能够有针对性地使用轻量化材料，首先应当对轻量化设计所使用的各种材料有一个全面的了解。本章主要讲述轻量化设计材料的特征值及其选择的准则。

1.1　性　能　参　数

在载荷设计中，材料与使用相关的重要性能有：

（1）物理性能。

1）密度 ρ （kg/dm^3），其公式如下：

$$\rho = m/V \tag{1-1}$$

式中　m——质量；

　　　V——体积。

2）线性热膨胀 α （1/K）：也称线膨胀系数。固体物质的温度每改变1℃时，其长度的变化和它在原温度（不一定为0℃）时长度之比，其公式如下：

$$\alpha = \frac{\Delta L}{L_0 \Delta T} \tag{1-2}$$

3）导热系数 λ （W/(m·K)）。

（2）机械特征值。设计应力（R_m，R_{eH}，$R_{p0.2}$），弹性模量（E），横向收缩率（ν），断裂韧性（K_{Ic}）。

有了这些参数，就可以进行使用评估、质量评估以及结构计算了。

1.2　线弹性特征值

首先需要考虑的是对构件设计非常重要的力学性能，特别是通过拉伸试验得到的应力-应变参数值，如图 1-1 所示，其特征如下：

按照胡克定律，比例极限 R_p，应力 σ 与可逆的弹性应变 ε_{el} 之间存在线性关系（ε_{el}-σ）。对于法向应力的胡克定律定义：

$$\varepsilon = \alpha\sigma \tag{1-3}$$

式中　α——延伸系数。

通常采用延伸系数的倒数值，即所谓的弹性模量 E。则胡克定律可表示为：

$$\sigma = E\varepsilon \tag{1-4}$$

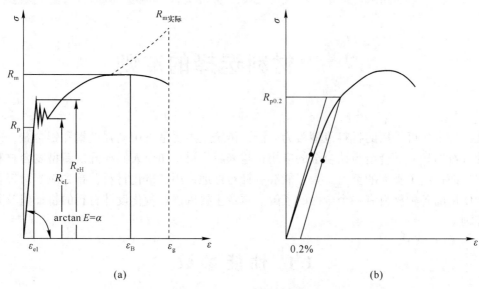

图 1-1　根据拉伸试验得到的应力-应变

（a）软钢；（b）高强铝合金

从屈服点 R_{eL}、R_{eH} 开始，材料开始显著流动。由于总的来说存在非线性材料行为，需用等效参数来表示，即定义弹性极限 $R_{p0.1}$ 对应 0.01% 的参考应变或者定义屈服强度 $R_{p0.2}$ 对应 0.02% 的参考应变。

另外，抗拉强度 R_m 作为与试样初始横截面 A_0 相关的最大承受应力（高斯应力）也很重要。更重要的是实际施加的、使测试件局部开始断裂的应力。假设体积不变（$A_0L_0 = AL$），则皮奥拉·基尔霍夫应力如下：

$$\sigma_{实际}(\varepsilon) = \sigma(\varepsilon + 1) \tag{1-5}$$

其中，实际应变如下：

$$\varepsilon_{实际} = \ln(1 + \varepsilon) \tag{1-6}$$

按照定义，相关的伸长率（A）（%）如下：

$$A = \frac{\Delta L}{L_0} \times 100\% \tag{1-7}$$

式（1-7）为最大延长。由于给出的值取决于测量长度和横截面的比例关系，须由 A（以前的 A_5）或 $A_{11.3}$（以前的 A_{10}）进一步得出。已知：

$$L_0 = (5 \sim 10)d_0(圆形横截面) \tag{1-8}$$

$$L_0 = (5 \sim 10) \times 1.13 \sqrt{A_0} \, (矩形横截面) \tag{1-9}$$

有时候，以下的参数也有意义：

用屈服点比例 R_{eH}，R_m 表示材料的脆裂敏感性；切变模量 G 作为抵抗滑移的阻力指标，特别是对各向同性的材料，可借助弹性模量 E 联系起来：

$$G = \frac{E}{2(1 + \nu)} \tag{1-10}$$

式中，泊松比 ν 是材料横向应变与纵向应变的比值的绝对值，也称横向变形系数，它是反映材料横向变形的强性常数。

在众多参数的确定中，与时间有关的参数值也很重要，如：

（1）材料的持久极限 σ_{100000}^{500}：表示材料在 500℃ 下，经载荷作用 100000h 即发生断裂应力值。

（2）条件蠕变极限 σ_{100000}^1：表示经历 100000h 总变量为 1% 的蠕变极限。

（3）在振动应力载荷下，任意长的允许应力振幅下的疲劳强度 σ_A。

绝大多数情况下，这些特征值足以用来评估材料的使用。在特殊的条件下，则还需要引入其他的评估参数，如对于裂纹断裂风险，需借助断裂韧性（K_c，K_{1c}）进行评估。

1.3　非线弹性特征值

实际中，经常发生轻量化材料承受很大载荷的情况，由于形变超出了应力-应变法则的线性区域，材料会产生大面积流动或者部分流动。图 1-2 所示为一个典型的非线性变化，此种情况在高强度钢、铝或镁材料上都会发生。

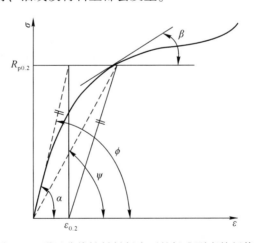

图 1-2　明显非线性材料行为下的标准刚度特征值

结合图 1-2，其中：

$$\left\{ \begin{array}{l} 弹性模量：E = \tan\alpha \\ 塑性模量：\Phi = \tan\phi \\ 正割模量：E_S = \tan\psi \\ 正切模量：E_T = \tan\beta \end{array} \right. \tag{1-11}$$

　　在研究非稳定性时，E 和 E_T 特别重要。为了量化应力-应变曲线的任意非线性变化过程，实际中多采用兰贝格—奥斯古德（Ramberg-Osgood）近似值。图 1-3 所示为按 Ramberg-Osgood 方程分析增强的应力-应变过程。

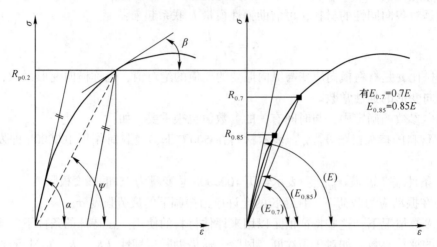

图 1-3　按 Ramberg-Osgood 方程分析增强的应力-应变过程

　　应力与应变关系的标准方程见表 1-1。

表 1-1　应力与应变关系的标准方程

弹性模量	$\varepsilon = \dfrac{R_{0.7}}{E}\left[\dfrac{\sigma}{R_{0.7}} + \dfrac{3}{7}\left(\dfrac{\sigma}{R_{0.7}}\right)^n\right]$
弹性极限应力	$R_{p0.2} = (4.66 \times 10^{-3} \times E)^{\frac{1}{n}} R_{0.7}^{\frac{n-1}{2}}$
正切模量	$\dfrac{E_T}{E} = \dfrac{1}{1 + \dfrac{3}{7}\left(\dfrac{\sigma}{R_{0.7}}\right)^{n-1}}$
正割模量	$\dfrac{E_S}{E} = \dfrac{1}{1 + \dfrac{3}{7}\left(\dfrac{\sigma}{R_{0.7}}\right)^{n-1}}$

　　方程中还导入指数 $n \geqslant 1$ 来控制配合，近似值试验如下：

$$n = 1 + \frac{\ln\left(\dfrac{17}{7}\right)}{\ln\left(\dfrac{R_{0.7}}{R_{0.85}}\right)} \tag{1-12}$$

　　以上公式的应用如图 1-4 中的示例，图中描述了一种用于高温领域（如涡轮叶片）的高强度钢的特性。

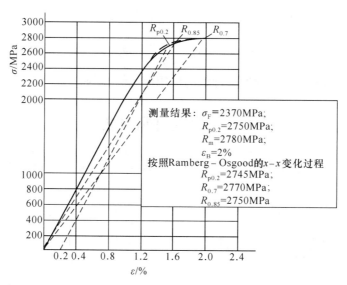

图 1-4 马氏体时效钢的 Ramberg-Osgood 近似值

1.4 载荷性能

在混合设计、涂层连接或者纤维复合设计中，必须要特别谨慎地确定共同作用的材料的弹性特征值。在单轴拉伸载荷作用下的单一方向的纤维复合材料，按照经典的层压板理论，纤维和矩阵承担了完全不同的载荷。

通常来说，纤维的弹性模量远大于矩阵的弹性模量，即：$E_F \gg E_M$。借此，纤维将刚性层的载荷承接下来。

即使在很小的变形下，纤维也存在断裂的危险。纤维断裂意味着层压板失效。通过层压板，纤维和基体按截面方向一为并联（∥），一为串联（⊥）。

在纤维方向上，由平衡条件可得出：

$$\sigma_\parallel A = \sigma_F A_F + \sigma_M A_M \tag{1-13}$$

考虑到几何条件：

$$\varepsilon_\parallel = \varepsilon_F = \varepsilon_M \tag{1-14}$$

结合线弹性物质定律：

$$\sigma_F = E_F \varepsilon_F, \ \sigma_M = E_M \varepsilon_M \tag{1-15}$$

可得出：

$$E_\parallel \varepsilon_\parallel A = (E_F A_F + E_M A_M) \varepsilon_\parallel \tag{1-16}$$

$$E_\parallel = E_F \frac{A_F}{A} + E_M \frac{A_M}{A} = \phi_F E_F + (1 - \phi_F) E_M \tag{1-17}$$

也就是说，有一个由纤维和基体"混合"出来的弹性模量 $E_\parallel = E_m$ 在起作用。

纤维连接的强度可近似得出：

$$R_{ZB_m} \approx R_{ZB_F} \times \frac{E_M}{E_F} \tag{1-18}$$

由此可得出承载比例：

$$\tau_T = R_{ZB_m} \frac{R_{ZB_m}}{R_{ZB_F}} \approx \phi_F \tag{1-19}$$

从中可得出，材料的使用程度与纤维的体积成比例（约 50%～55%）。

1.5　相关材料性能

在轻量化中，通常将材料的力学性能与密度联系起来，以便于进行各种评估。

1.5.1　比容积

最简单的特征值为 $\frac{1}{g\rho}$ 与 $\left(\frac{1}{\rho}\right)'$，借此可不依赖于弹性力学性能来表征构件所占的体积。

1.5.2　比刚度

相应地，可用 $\left(\frac{E}{g\rho}\right)$ 确定相关的纵向刚度特征值，用 $\left(\frac{G}{g\rho}\right)$ 确定相关的抗剪刚度，这是对产生的变形的度量。

1.5.3　稳定性阻力

杆的压弯稳定性可用 $\left(\frac{\sqrt{E}}{g\rho}\right)$ 加以表征，而用 $\left(\frac{\sqrt[3]{E}}{g\rho}\right)$ 可描述梁的抗弯强度和平板的凸起稳定性。

1.5.4　断裂系数

用断裂长度可得出比例 $\frac{R_m}{g\rho}$。它可以量化出在自重条件下，一根悬挂的线要多长才能断裂，借此可评估拉应力状况。

1.5.5　材料评估

对一些轻量化材料的特征值的评估见表 1-2。这里，比容积的值越大，材料所占的体积就越大。

表 1-2　在拉应力 F 下采用平均值评估典型的设计材料

材料	$\rho/kg \cdot dm^{-3}$	E/MPa	R_m/MPa	$\dfrac{E}{g\rho}/km$	$\dfrac{R_m}{g\rho}/km$
钢合金	7.85	210000	700	2675.16	8.92
铝合金	2.70	70000	400	2592.60	14.80
镁合金	1.74	45000	300	2586.07	17.24

材料	$\rho/\text{kg}\cdot\text{dm}^{-3}$	E/MPa	R_m/MPa	$\dfrac{E}{g\rho}/\text{km}$	$\dfrac{R_\text{m}}{g\rho}/\text{km}$
钛合金	4.50	110000	1000	2444.44	22.22
PA 6（干）	1.15	2500	80	217.40	6.96
GEK-UD（50%）	2.25	39000	1150	1766.90	5210
CFK-UD（50%）	1.50	120000	1700	8155.88	115.53
AFK-UD（50%）	1.32	31000	1250	2393.97	96.53
木材	0.50	12000	100	2400.00	20.00
铍	1.85	245000	400	13243.24	21.62
锂	0.53	12000	180	22641.51	33.96

比刚度值的大小表示了材料抵抗变形的阻力，而断裂系数值的大小则表示了在纯拉应力状态下根据强度确定的材料的可利用性。

1.6 品质指数

还可用品质指数进行进一步的评估。实际中不同应力载荷类型下的品质指数见表1-3。表中以铝合金为标准，以便于进行比较。

表1-3 以铝合金为标准采用品质指数评估典型设计材料的轻量化适宜度

相关性能	品质指数	木材	镁合金	铝合金	钛合金	钢	GFK	CFK	AFK
静态强度-拉、压	$R_\text{m}/(g\rho)$	1.35	1.16	1	1.50	0.60	7.65	3.45	6.39
纵向刚度-拉、压	$E/(g\rho)$	0.93	1.00	1	0.94	1.03	0.67	3.09	0.91
剪切刚度-扭转	$G/(g\rho)$	—	1.06	1	0.93	1.06	0.32	1.11	0.15
杆的抗弯刚度	$\dfrac{E}{g\rho}$	0.96	1.00	1	0.97	1.02	0.82	1.76	0.95
平板的翘曲刚度和抗弯刚度	$\sqrt[3]{\dfrac{E}{g\rho}}$	0.97	1.00	1	0.98	1.01	0.87	1.46	0.97
弹性能量吸收能力	$R_\text{p0.2}^2$	0.47	1.55	1	4.54	2.08	9.14	2.29	19.78
冲击韧度	A	0.20	2.50	1	150	250	0.75	0.20	0.20
振动强度 $R=-1$，$N=10^6$	$\sigma_\text{bw}/(g\rho)$	1.20	1.20	1	2.20	1.30	1.70	2.80	3.20

注：表中的值大于1为"更轻"，小于1为"更重"。

标准的品质指数可表明，在几何设计相似的情况下，与其他可选择的材料相比较所考察的材料轻多少（或者重多少）。按照表中所示，按静态抗拉强度设计出的支撑力条件，由玻璃纤维增强塑料（GFK）制成的机翼比铝合金的机翼要轻7.65倍。因此，可根据该表很好地确定出材料的应力载荷特征，并很快完成材料预选。

1.7　轻量化指数

轻量化指数是为了更好地理解真实的载荷比例关系而设计出来的。它表示了一个承载设计所承受的总载荷 F_G 与无载荷设计的固有载荷 F_E 之间的比例关系，计算如下：

$$LBK = \frac{F_G}{F_E} \tag{1-20}$$

LBK 的值越大，所选择的材料就越适合轻量化设计针对的载荷情况。

对于三种经常遇到的载荷情况，即拉伸、弯曲与压弯，可如下简要确定其轻量化指数。

为求出拉伸的轻量化指数，需先得出强度条件式：

$$\sigma_{vorh} = \frac{F_G}{A} \leqslant R_{p0.2/eH} \tag{1-21}$$

以及：

$$F_G = \frac{1}{L} \times \frac{R_{p0.2/eH} J}{e} \tag{1-22}$$

其轻量化指数为：

$$LBK_b^{(1)} = \frac{1}{6} \times \frac{R_{p0.2/eH}}{(\rho g) L^2 / h} \tag{1-23}$$

表 1-4 对悬臂横梁的情形进一步加以评估。从中看出，可以由数值的绝对大小得出特定的材料选择的有效性。

表 1-4　弯曲应力下构件的轻量化特征值

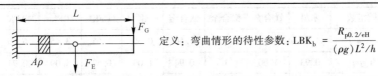

定义：弯曲情形的待性参数：$LBK_b = \dfrac{R_{p0.2/eH}}{(\rho g) L^2 / h}$

材料	ρ/kg · dm^{-3}	$R_{p0.2/eH}$/MPa	对于 $L^2/h = 1000$ 的 LBK_b
St 52-3（S 355 JO）	7.85	355	768.31
AlCuMg 1 F 38	2.70	240	1510.17
MgAl 6 Zn	1.74	220	2148.09
Q StE 460（S 460 NL）	7.85	460	995.56
TiCr 5 Al 3	4.50	700	2642.81
GFKII（0.55）	1.95	900	6970.04
CFK#（0.55）	1.40	1100	13348.87

通过对单一结构单元的评估并以此类推，可确定整个结构的轻量化指数。对于车身或者大型车身构件（车门、行李箱盖等）可引入轻量化品质指数，如对于扭转刚性：

$$L_T = \frac{m_{RK}}{c_T A} \tag{1-24}$$

式中　c_T——抗扭刚度；

　　　A——投影面积。

由此可得出车身质量与抗扭刚度和空间需求的比例关系。其目标是得到一个尽可能小的轻量化品质因数值，图 1-5 中可看到几代车身与车辆的轻量化品质因数值。

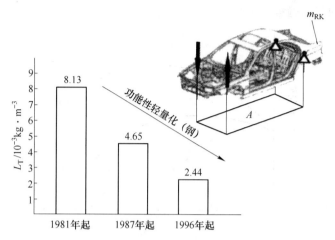

图 1-5　宝马 3 系轿车车身的轻量化品质因数

对于轿车车门的下沉弯曲，当然也可确定其轻量化品质因数：

$$L_{AB} = \frac{m_{车门}}{c_{AB}A_{投影}} \tag{1-25}$$

该轻量化品质因数与固有频率 $\omega^2 = c/m$ 关系可得出：

$$L_T = \frac{1}{\omega^2 A} \tag{1-26}$$

1.8　材料选择的要点

轻量化设计的效果很大程度上取决于材料选择的正确与否。以上所述为材料选择的主要标准。从这个意义上可以清楚地看到，要实现轻量化，需要选择合适的材料性能，如：

（1）低密度 ρ。

（2）好的强度性能，即在足够的延伸率 A 下的高的屈服点 R_{eH} 和高的断裂强度 R_m。

（3）高的弹性模量 E。

（4）好的失效-安全-质量指标，即：

1）高的疲劳强度 σ_A。

2）高的断裂韧性 K_{1c} 与 K_c。

（5）力学性能范围最广的热稳定性（零上和零下温度）。

（6）低的线膨胀系数 α。

（7）采用冷加工法与热加工法容易成型。

（8）好的焊接性能。

（9）可接受的价格（每千克价格）。

在自然界中，无法找到能集成以上所有这些性能的材料。因此，材料的选择经常需要做出妥协。现代构造设计中越来越倾向于采用合成材料（即复合材料）来实现特定的功能。为了提高强度值与弹性模量，通过有目的地植入固体材料（纤维、球等），可以提高几乎所有材料的性能极值（强度与弹性模量），图 1-6 所示为使用温度与纤维部分的强度及弹性模量之间的关系趋势。

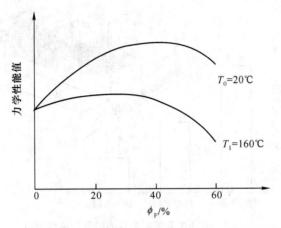

图 1-6　使用温度与纤维部分的强度及弹性模量之间的关系趋势

2 铝 合 金

铝具有一系列比其他有色金属、钢铁和塑料等更优良的特性，如密度小，仅为2.7g/cm³，约为铜或钢的1/3；优良的导电性、导热性，良好的耐蚀性；优良的塑性和加工性能等。但纯铝的力学性能不高，不适合作为承受较大载荷的结构零件。为了提高铝的力学性能，在纯铝中加入某些合金元素，制成铝合金。铝合金仍保持纯铝的密度小和耐蚀性好的特点，且力学性能比纯铝高得多。经热处理后铝合金的力学性能可以和钢铁材料相媲美。

2.1 铝合金的热处理及时效强化

2.1.1 铝合金的分类

铝合金中常加入的元素为铜、锌、镁、硅、锰以及稀土元素等。这些合金元素在固态铝中的溶解度一般都是有限的。所以铝合金的组织中除了形成铝基固溶体外，还有第二相出现。以铝为基的二元合金大都按共晶相图结晶，如图2-1所示。加入的合金元素不同，在铝基固溶体中的极限溶解度也不同，固溶度随温度变化以及合金共晶点的位置也各不相同，根据成分和加工工艺特点，铝合金可分为变形铝合金和铸造铝合金。由图2-2可知，成分在 B 点以左的合金，当加热到固溶线以上时，可得到均匀的单相固溶体 α，由于其塑性好，适宜于压力加工，所以称为变形铝合金。常用的变形铝合金中，合金元素质量分数的总量小于5%，但在高强度变形铝合金中，可达8%~14%。

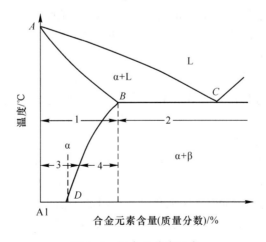

图 2-1 铝合金分类示意

1—变形铝合金；2—铸造铝合金；3—不能热处理强化的铝合金；4—能热处理强化的铝合金

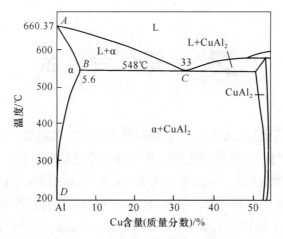

图 2-2　Al-Cu 二元合金状态曲线

变形铝合金又可分为两类：

（1）不能热处理强化的铝合金。即合金元素的含量小于状态图中 D 点成分的合金，这类合金具有良好的抗蚀性能，故称为防锈铝。

（2）能热处理强化的铝合金。即成分处于状态图中 B 点与 D 点之间的合金，通过热处理能显著提高力学性能，这类合金包括硬铝、超硬铝和锻铝。

一般来说共晶成分的合金具有优良的铸造性能，但在实际使用中，还要求铸件具备足够的力学性能。因此，铸造铝合金的成分只是合金元素的含量比变形铝合金高一些，其合金元素总量为 8%~25%。

2.1.2　铝合金热处理强化特点

铝合金的热处理强化虽然工艺操作与钢的淬火工艺操作基本上相似，但强化机理与钢有着本质的不同。铝合金尽管淬火加热时，也是由 α 固溶体加第二相转变为单相的 α 固溶体，淬火时得到单相的过饱和 α 固溶体，但它不发生同素异构转变。因此，铝合金的淬火处理称为固溶处理，由于硬脆的第二相消失，所以塑性有所提高。过饱和的 α 固溶体虽有强化作用，但是单相的固溶强化作用是有限的，所以铝合金固溶处理后强度、硬度提高并不明显，而塑性却有明显提高。铝合金经固溶处理后，获得过饱和固溶体。在随后的室温放置或低温加热保温时，第二相从过饱和固溶体中析出，引起强度、硬度以及物理和化学性能的显著变化，这一过程称为时效。室温放置过程中使合金产生强化的效应称为自然时效；低温加热过程中使合金产生强化的称为人工时效。因此，铝合金的热处理强化实际上包括了固溶处理与时效处理两部分。

下面以 Al-Cu 二元合金为例来讨论铝合金的时效过程。Al-Cu 二元合金状态如图 2-1 所示。铜在 548℃共晶温度有极限溶解度为 5.6%（质量分数，下同），而低于 200℃的溶解度小于 0.5%。在 B 与 D 之间的铝-铜合金室温时的平衡组织为 α+CuAl₂，加热到固溶线 BD 以上，第二相 CuAl₂ 完全溶入 α 固溶体中，淬火后获得铜在铝中的过饱和固溶体。

2.1.2.1　形成铜原子富集区

在铝-铜过饱和固溶体脱溶分解的过程中，产生一系列介稳相。在自然时效过程中，首先在基体中产生铜原子的富集区，称为 G. P. 区。其晶体结构与基体 α 相同，不同之处是铜原子尺寸小而使 G. P. 区点阵产生弹性收缩，与周围基体形成很大的共格应变区，引起点阵的严重畸变，阻碍位错的运动，因而合金的强度、硬度提高。G. P. 区呈盘状，只有几个原子层厚，其直径在 25℃ 以下约 5nm，超过 200℃ 就不再出现 G. P. 区。

2.1.2.2 铜原子富集区有序化

合金在较高温度下时效，G. P. 区尺寸急剧长大，G. P. 区的铜原子进行有序化，形成 θ'' 相。θ'' 相与基体仍然保持完全共格，具有正方点阵，其点阵常数 $a = b = 0.404nm$，$c = 0.768nm$。它比 G. P. 区周围的畸变更大，且随着 θ'' 相长大共格畸变区进一步扩大，对位错的阻碍作用也进一步增加，因此时效强化作用更大。

2.1.2.3 形成过渡相 θ'

随着时效过程的进一步发展，θ'' 相将转变成过渡相 θ'。θ' 相是正方点阵，点阵常数为 $a = b = 0.571nm$，$c = 0.580nm$，成分接近 $CuAl_2$。由于 θ' 相的点阵常数发生较大的变化，故当它形成时与基体的共格关系开始破坏，即由完全共格变为局部共格。所以，θ' 相周围基体的共格畸变减弱，对位错的阻碍作用也就减小，因此合金的强度、硬度开始降低，合金此时处于过时效阶段。

2.1.2.4 形成稳定相 θ

继续时效，过渡相 θ' 从铝基固溶体中完全脱溶，形成与基体有明显相界面的独立的稳定相 $CuAl_2$，称为 θ 相，其点阵结构也是正方点阵，点阵常数比 θ' 相大些，$a = b = 0.607nm$，$c = 0.487nm$。θ 相与基体完全失去共格关系，共格畸变也随之消失，导致合金的强度、硬度进一步下降。

铝-铜二元合金的时效原理及一般规律，对于其他工业合金也是适用的。但是合金的种类不同，形成的 G. P. 区、过渡相以及最后析出的稳定相各不相同，时效强化效果也不一样。几种常用铝合金系的时效过程及其析出的稳定相从表 2-1 中可以看出，不同的合金系时效过程并不完全经历上述四个阶段，有的合金系就没有有序化过程而直接形成过渡相。

表 2-1　常用铝合金系的时效过程及其析出的稳定相

合金系	时效过程的过渡阶段	析出的稳定相
Al-Cu	(1) 形成铜原子富集区——G. P. 区； (2) G. P. 区有序化——θ'' 相； (3) 形成过渡相——θ' 相	$\theta(CuAl_2)$
Al-Mg-Si	(1) 形成钢、硅原子富集区——G. P. 区； (2) 形成有序的 β' 相	$\beta(Mg_2Si)$
Al-Cu-Mg	(1) 形成铜、镁原子富集区——G. P. 区； (2) 形成过渡相 S′	$S(Al_2CuMg)$
Al-Mg-Zn	(1) 形成铜、锌原子富集区——G. P. 区； (2) 形成过渡相 M′	$M(MgZn_3)$

2.1.3　影响时效强化的主要因素

2.1.3.1　时效温度的影响

对同一成分的合金而言，当时效时间一定时，时效温度与硬度之间有如图 2-3 所示的关系，即在某一时效温度，合金能获得最大的强化效果，这个温度称为最佳时效温度。不同合金的最佳时效温度是不同的。据统计，$T_a = (0.5 \sim 0.6) T_{熔}$，$T_a$ 为最佳时效温度，$T_{熔}$ 为熔点。

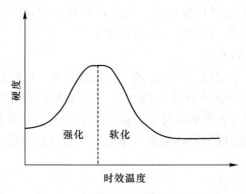

图 2-3　时效温度与硬度关系曲线

图 2-4 所示为 130℃ 时效时铝铜合金的硬度与时间的关系曲线。从图中可以看出，G. P. 区形成后硬度上升，然后达到稳定。长时间时效后 G. P. 区溶解，θ″相形成硬度又重新上升。当 θ″相溶解而形成 θ′相时，硬度开始下降。θ′相后期已过时效，开始软化。故在一定时效温度下，为获得最大时效强化效果，对应有一最佳时效时间。

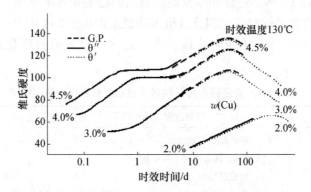

图 2-4　130℃时效时铝铜合金的硬度与时间的关系

通常在高强度合金中采用分级时效，即时效分两步进行：首先在 G. P. 区溶解度线以下较低温度进行，得到弥散的 G. P. 区；然后再在较高温度下时效。这些弥散的 G. P. 区能成为脱溶的非均匀形核位置。与较高温度下一次时效相比，分级时效可得到更弥散的时效相的分布。经这种分级时效处理过的合金，其断裂韧性值较高，并改善了合金的耐蚀性能。

2.1.3.2　淬火工艺的影响

实践表明，淬火温度越高，淬火冷却速度越快，淬火中间转移时间越短，所获得的固溶体过饱和程度越高，时效后时效强化效果也越大。

正确控制合金的固溶处理工艺，是保证获得良好时效强化效果的前提。一般来说，在不发生过热、过烧的条件下，淬火加热温度高些，保温时间长些，有利于获得最大过饱和度的均匀固溶体。其次。淬火冷却要保证不析出第二相。否则，在随后时效处理时已析出相将起晶核作用，造成局部不均匀析出而降低时效强化效果。为了防止淬火时引起变形开裂，铝合金淬火一般采用20~80℃水作冷却介质。

2.2 变形铝合金

2.2.1 变形铝及铝合金牌号和表示方法

变形铝合金需经过不同的压力加工方式生产成材。这些变形铝合金是机械工业和航空工业中重要的结构材料。由于质量轻，比强度高，在航空工业中占有特殊的地位。

根据新制定的《变形铝及铝合金牌号表示方法》(GB/T 16474—1996)，凡是化学成分与变形铝及铝合金国际牌号注册协议组织命名的合金相同的所有合金，其牌号直接采用国际四位数字体系牌号，未与国际四位数字体系牌号的变形铝合金接轨的采用四位字符牌号命名，并按要求注册化学成分。

四位字符体系牌号的第一、第三、第四位为阿拉伯数字，第二位为英文大写字母（C、I、L、N、O、P、Q、Z字母除外）。牌号的第一位数字表示组别，见表2-2。除改型合金外，铝合金分别按主要合金元素来确定。主要合金元素指极限含量算术平均值为最大的合金元素。当有一个以上的合金元素极限含量算术平均值同为最大时，应按Cu、Mn、Si、Mg、Mg_2Si、Zn、其他元素的顺序来确定合金组别。

表2-2 铝及铝合金的组别

组别	牌号系列	组别	牌号系列
纯铝（铝含量不小于99.00%)	1×××	以镁和硅为主要合金元素并以 Mg_2Si 相为强化相的铝合金	6×××
以铜为主要合金元素的铝合金	2×××		
以锰为主要合金元素的铝合金	3×××	以锌为主要合金元素的铝合金	7×××
以硅为主要合金元素的铝合金	4×××	以其他元素为主要合金元素的铝合金	8×××
以镁为主要合金元素的铝合金	5×××	备用合金组	9×××

铝合金的牌号用2×××~8×××系列表示。牌号的最后两位数字没有特殊意义，仅用来区别同一组中不同的铝合金。牌号第二位的字母表示原始合金的改型情况，A表示原始合金；B~Y表示原始合金的改型合金。如2A06表示主要合金元素为铜的6号原始铝合金。

常用的变形铝合金牌号及化学成分见表2-3。

表 2-3　常用的变形铝合金牌号及化学成分

合金名	新牌号	旧牌号	化学成分（质量分数）/%										其他	
			Si	Fe	Cu	Mn	Mg	Cr	Ni	Zn	其他	Ti	单个	合计
防锈铝合金	3A21	LF21	0.6	0.7	0.20	1.0~1.6	0.05	—	—	0.10	—	0.15	0.05	0.10
	5A02	LF2	0.40	0.4	0.10	或 Cr 0.15~0.40	2.0~2.8	—	—	—	Si+Fe: 0.6	0.15	0.05	0.15
	5A03	LF3	0.50~0.80	0.50	0.10	0.30~0.60	3.2~3.8	—	—	0.20		0.15	0.05	0.10
	5A12	LF12	0.30	0.30	0.05	0.40~0.80	8.3~9.6	—	0.10	0.20	Be: 0.005 Sb: 0.004~0.05	0.05~0.15	0.05	0.10
硬铝合金	2A01	LY1	0.50	0.50	2.2~3.0	0.20	0.20~0.50	—	—	0.10		0.15	0.05	0.10
	2A02	LY2	0.30	0.30	2.6~3.2	0.45~0.7	2.0~2.4	—	—	0.10		0.15	0.05	0.10
	2A06	LY6	0.50	0.50	3.8~4.3	0.50~1.0	1.7~2.3	—	—	0.10	Be: 0.001~0.005	0.03~0.15	0.05	0.10
	2A10	LY10	0.25	0.20	3.9~4.5	0.30~0.50	0.15~0.30	—	—	0.10		0.15	0.05	0.10
	2A11	LY11	0.7	0.7	3.8~4.8	0.40~0.80	0.40~0.80	—	0.10	0.30	Fe+Ni: 0.7	0.15	0.05	0.10
	2A12	LY12	0.50	0.50	3.8~4.9	0.30~0.90	1.2~1.8	—	0.10	0.30	Fe+Ni: 0.50	0.15	0.05	0.10

2.2.2　防锈铝合金

防锈铝合金包括 Al-Mn 和 Al-Mg 两个合金系。防锈铝代号用"3A"或"5A"加一组顺序号表示。常用的防锈铝及其合金见表 2-3。这类合金具有优良的抗腐蚀性能，并有良好的焊接性和塑性，适合于压力加工和焊接。这类合金不能进行热处理强化，一般只能用冷变形来强化。由于防锈铝的切削加工性能差，故适合于制作焊接管道、容器、铆钉、各种生活用具以及其他冷变形零件。

2.2.2.1　铝锰系防锈铝合金

锰在铝中的最大溶解度为 1.82%。锰和铝可以形成金属间化合物 $MnAl_6$。这种弥散析出的质点可阻碍晶粒的长大，故可细化合金的晶粒。锰溶于 α 固溶体中起固溶强化的作用。当 Mn 含量大于 1.6% 时，由于形成大量的脆性 $MnAl_6$，合金的塑性显著降低，压力加工性能较差，所以防锈铝中锰含量一般不超过 1.6%。

铝锰合金具有优良的耐蚀性。$MnAl_6$ 与基体的电极电位相近，产生的腐蚀电流很小。铁和硅是合金的主要杂质。铁降低锰在铝中的溶解度，形成脆性的 $(Mn, Fe)Al_6$ 化合物，使合金的塑性降低，所以要限制铁的含量在 0.4% ~ 0.7%。硅是有害元素，它增大合金的热裂倾向，降低铸造性能，故应严格控制其含量，硅一般控制在小于 0.6%。

铝锰系防锈铝因时效强化效果不佳，故不采用时效处理。3A21 合金制品的热处理主要是退火。为了防止在退火过程中产生粗大晶粒，可提高退火时的加热速度，或在合金中加入少量钛的同时，加入 0.4% 左右的铁来细化晶粒。此外，相对于铝来说锰是高熔点金属，容易产生偏析，特别是半连续浇注锭坯中锰的偏析较严重。为了减少或消除晶内偏析，可在 600~620℃ 进行锭的均匀化退火。

2.2.2.2　铝镁系防锈铝合金

铝镁系二元合金相图如图 2-5 所示。从图中看出，镁在铝中固溶量较大。一般 Mg 含量低于 5% 的合金为单相合金。经扩散退火及冷变形后退火等热处理，组织和成分较均匀，耐蚀性较好。Mg 含量高于 5% 的合金经退火后，组织中会出现脆性的 β（Mg_5Al_8）相。由于该相电极电位低于 α 固溶体，β 相成为阳极，导致合金的耐蚀性恶化，塑性、焊接性也变差。

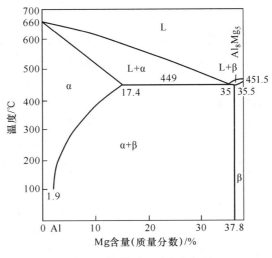

图 2-5　铝镁系二元合金相图

镁固溶于 α 固溶体引起的固溶强化效果显著，铝镁合金的强度高于铝锰合金。铝镁合金中加入少量的锰，不仅能改善合金的耐蚀性，而且还能提高合金的强度。少量的钛或钒主要起细化晶粒的作用。少量的硅能改善铝镁合金的流动性，减少焊接裂纹倾向。铁、铜和锌等是有害的杂质元素，它们使合金的耐蚀性与工艺性能恶化，故其含量应严格控制。

2.2.3　硬铝合金

硬铝属于 Al-Cu-Mg 系合金，具有强烈的时效强化作用，经时效处理后具有很高的硬度、强度，故 Al-Cu-Mg 系合金总称为硬铝合金。这类合金具有优良的加工性能和耐热性，但塑性、韧性低，耐蚀性差，常用来制作飞机大梁、空气螺旋桨、铆钉及蒙皮等。

硬铝的代号用"2A"加一组顺序号表示。常用的硬铝合金见表2-3。不同牌号的硬铝合金具有不同的化学成分，其性能特点也不相同。含铜、镁量低的硬铝强度较低而塑性高；含铜、镁量高的硬铝则强度高而塑性较低。在 Al-Cu-Mg 系中，有 $\theta(CuAl_2)$、$S(CuMgAl_2)$、$T(Al_6CuMg_4)$ 和 $\beta(Mg_5Al_6)$ 4个金属间化合物相，其中前两个是强化相。S 相有很高的稳定性和沉淀强化效果，其室温和高温强化作用均高于 θ 相。当硬铝以 S 相为主要强化相时，合金有最大的沉淀强化效应。当铜与镁的比值一定时，铜和镁总量越高，强化相数量越多，强化效果越大。常用的硬铝中主要强化相见表2-4。

表 2-4 硬铝中主要强化相

合金	2A01	2A02	2A06	2A10	2A11	2A12
Cu/Mg合金	7.4	1.22	2	18.3	7.2	2.86
主要强化相	$\theta(S)$	S	S	θ	$\theta(S)$	$S(\theta)$

在硬铝中除主要元素铜和镁外，还加入一定量的锰。其主要作用是中和铁的有害影响，改善耐蚀性。同时，锰有固溶强化作用和抑制再结晶作用。但锰量高于 1.0%，会产生粗大的脆性相 $(Mn,Fe)Al_6$，降低合金的塑性，因此硬铝合金中锰含量控制在 0.3%~1.0%之间。铁和硅是杂质，它们的存在会减少强化相 θ 和 S 相的数量，从而降低硬铝的时效强化效果。

硬铝合金按合金元素含量及性能不同，可分为三种类型：低强度硬铝，如 2A01、2A10 等合金；中强度硬铝，如 2A11 等合金；高强度硬铝，如 2A12 等合金。其中 2A12 是使用最广的高强度硬铝合金。

硬铝合金的热处理特性是强化相的充分固溶温度与 $(\alpha+\theta+S)$ 三元共晶温度的间隙很窄，如图 2-5 所示。2A12 合金的 θ 和 S 相完全溶入 α 固溶体的温度非常接近于三元共晶的熔点 507℃。因此，硬铝淬火加热的过烧敏感性很大。为了获得最大固溶度的过饱和固溶体，2A12 合金最理想的淬火温度为 (500 ± 3)℃，但实际生产条件很难做到，所以 2A12 合金常用的淬火温度为 495~500℃。

硬铝合金人工时效比自然时效具有更大的晶间腐蚀倾向，所以硬铝合金中除高温工作的构件外，一般都采用自然时效。为了减少淬火过程中 θ 相沿晶界大量析出，从而导致自然时效强化效果减低和晶间腐蚀倾向增大，硬铝合金淬火时，在保证不变形开裂的前提下，冷却速度越快越好。

2.2.4 超硬铝合金

超硬铝属于 Al-Zn-Cu-Mg 系合金。它是目前室温强度最高的一类铝合金，其强度值达 500~700MPa，超过高强度硬铝 2A12 合金，故称为超硬铝合金。这类合金除了强度高外，韧性储备也很高，又具有良好的工艺性能，是飞机工业中重要的结构材料。

超硬铝的代号用"7A"加一组顺序号表示。常用的超硬铝合金及化学成分见表2-3。

超硬铝是在铝锌镁合金系基础上发展起来的。锌和镁是合金的主要强化元素，在合金中形成强化相 $\eta(MgZn_2)$ 和 $T(Al_2Mg_3Zn_3)$。在高温下这两个相在 α 固溶体中有较大的溶解度，固溶后在低温下有强烈的沉淀强化效应。但锌、镁含量过高时，虽然合金强度提高，但塑性和抗应力腐蚀性能变坏。铜的加入主要是为了改善超硬铝的应力腐蚀倾向，同时铜还能形成 θ 相和 S 相起补充强化作用，提高合金的强度。但铜含量超过 3% 时，合金的耐蚀性反而降低，故超硬铝中的铜含量应控制在 3% 以下，如图 2-6 所示。此外，铜还会降低超硬铝的焊接性，所以一般超硬铝采用铆接或粘接。

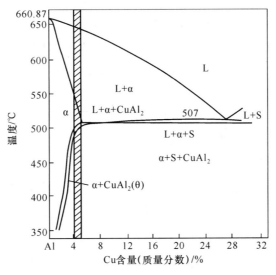

图 2-6　铝铜镁系三元合金相图垂直截面

超硬铝中常加入少量的锰和铬或微量钛。锰主要起固溶强化作用，同时改善合金的抗晶间腐蚀性能。铬和钛可形成弥散分布的金属间化合物，可极大提高超硬铝的再结晶温度，阻止晶粒长大。

超硬铝与硬铝相比，淬火温度范围较宽。对于 Zn 含量小于 6%、Mg 含量小于 3% 的合金，淬火温度为 450~480℃。超硬铝一般经人工时效后使用，采用分级时效处理。先在 120℃ 时效 3h，然后在 160℃ 时效 3h，形成 G. P. 区和少量的 η′ 相，此时合金达到最大强化状态。

超硬铝的主要缺点是耐蚀性差，疲劳强度低。为了提高合金的耐蚀性能，一般在板材表面包铝。此外，超硬铝的耐热强度不如硬铝，当温度升高时，超硬铝中的固溶体迅速分解，强化相聚集长大，而使强度急剧降低。超硬铝合金只能在低于 120℃ 的温度下使用。

2.2.5　锻铝合金

锻铝属于铝镁硅铜系合金。这类合金具有优良的锻造性能，主要用于制作外形复杂的锻件，故称为锻铝。它的力学性能与硬铝相近，但热塑性及耐蚀性较高，更适合锻造。主要用于航空仪表工业中形状复杂、强度要求高的锻件。

锻铝的代号用"6A"或"2A"加一组顺序号表示。常用的合金有 6A02、2A14 等。

锻铝中的主要强化相是 Mg_2Si。Mg_2Si 具有一定的自然时效强化倾向，若淬火后不立即时效处理，则会降低人工时效强化效果。其原因是镁和硅在铝中的溶解度不同，硅的溶解度小，先于镁发生偏聚；硅原子偏聚区小而弥散，基体中固溶的硅含量大大减少。当再进行人工时效时，这些小于临界尺寸的硅的 G. P. 区将重新溶解，导致形成介稳的 β″ 相的有效核心数目减少，从而生成粗大的 β″相。为了弥补这种强度损失，在合金中同时加入铜和锰。锰有固溶强化、提高韧性和耐蚀性的作用。铜可显著改善热加工塑性和提高热处理强化效果，降低因加入锰而引起的各向异性。

2.2.6　变形铝合金的热处理及金相检验

变形铝合金热处理的主要方式有退火、淬火和时效。

变形铝合金的退火可分为：铸锭的均匀化退火、热加工毛坯的预先退火、冷轧铝材的中间退火、半成品出厂前的退火和生产制品的低温退火。表2-5列出了几种变形铝合金的退火温度。

表2-5　几种变形铝合金的退火温度　　　　　　　　（℃）

合金牌号	均匀化退火温度	预先退火和中间退火	成品退火温度	低温退火温度
2A11，2A12	480~495	400~450（板、管）	350~420	270~290（管）
7A04	450~465	400~450（板、管）	350~420	—
5A05	460~475	315~400（压延管）	310~335	150~240
2A14	475~490	400~450（板、管）	350~420	—

铝合金的淬火目的是为了获得过饱和的固溶体，从而使其时效后得到较高的力学性能。与钢铁淬火加热温度范围相比，铝合金的允许淬火温度范围较窄，操作时必须严加注意，以防止过烧或加热不足。过烧温度主要由合金的成分以及合金中共晶体熔化温度来决定。淬火加热时间与设备有关，如盐浴加热比电炉快。保温时间的长短主要由强化相完全溶解所需的时间而定，也和合金成分、工件壁厚、被加热制品的状态及加热方法有关。

铝合金用水冷却时，水温不应超过80℃，形状简单或小工件可在低于30℃的水中淬火；形状复杂的工件，淬火的水温以40~50℃为宜；很大和极复杂的工件，可采用50~80℃的水。水中加入少量的硫酸，淬火后的硬铝表面呈银灰色。

淬火后需进行人工时效的工件应及时进行加工及整形处理。在高温下工作的变形铝合金都要采用人工时效，在室温下工作的有的可采用自然时效。经过时效的铝合金，切削加工后往往还要进行稳定化回火，消除加工产生的应力，稳定尺寸。稳定化回火的温度不高于人工时效温度，一般与人工时效温度相同。时间为5~10h。经自然时效的硬铝常采用（90±10）℃，时间为2h的稳定化回火。

检验变形铝合金零件质量必不可少的步骤就是进行显微组织检验。其关键就是检查强化相是否粗化，是否有过热或过烧组织。过热和过烧的标志是有无复熔球或晶界上出现三角重熔现象。此时金相检验用的侵蚀剂为浓度不高的混合酸，其溶液具体配方是：HF 0.5mL；HNO_3 1.5mL；HCl 15mL；H_2O 93mL。侵蚀温度为20℃，侵蚀时间为40s。若发现有上述现象存在，则表明此批热处理零件过热或过烧，如果有明显的晶界熔化，说明已达到严重的过烧程度，零件必须报废。

2.3　铸造铝合金

铸造铝合金应具有高的流动性，较小的收缩性，热裂、缩孔和疏松倾向小等良好的铸造性能。成分处于共晶点的合金具有最佳的铸造性能，但由于此时合金组织中会出现大量硬脆的化合物，使合金的脆性急剧增加。因此，实际使用的铸造合金并非都是共晶合金。它与变形铝合金相比只是合金元素含量高一些。

铸造铝合金的牌号表示方式为 ZL+三位数字。其中 ZL 是"铸铝"汉语拼音首字母。第一位数字是合金的系别：1 是 Al-Si 系合金；2 是 Al-Cu 系合金；3 是 Al-Mg 系合金；4 是 Al-Zn 系合金。第二位和第三位数字是合金的顺序号。例如 ZL102 表示 2 号 Al-Si 系铸造合金。

2.3.1 铝硅及铝硅镁铸造合金

铝硅系铸造合金用途很广，其牌号共有 11 种，见表 2-6。含硅的共晶合金是铸造铝合金中流动性最好的，能提高强度和耐磨性。这种合金具有密度小，铸造收缩率小和优良的焊接性、耐蚀性以及足够的力学性能。但合金的致密度较小，适合制造致密度要求不太高的、形状复杂的铸件。共晶组织中硅晶体呈粗针状或片状，过共晶合金中还有少量初生硅，呈块状。这种共晶组织塑性较低，需要细化组织。

表 2-6 常用铸造铝合金的牌号及主要化学成分

合金系	牌号	化学成分/%						
		Si	Cu	Mg	Mn	Zn	其他	Al
Al-Si	ZL101	6.0~8.0	—	0.2~0.4	—	—	—	余量
	ZL102	10.0~13.0	—	—	—	—	—	余量
	ZL103	4.5~6.0	1.5~3.0	0.3~0.7	0.3~0.7	—	—	余量
	ZL104	8.0~10.5	—	0.17~0.3	0.2~0.5	—	—	余量
	ZL105	4.5~5.5	1.0~1.5	0.35~0.6	—	—	—	余量
	ZL106	7.5~8.5	1.0~2.0	0.2~0.6	0.2~0.6	—	—	余量
	ZL107	6.5~7.5	3.5~4.5	—	—	—	—	余量
	ZL108	11.0~13.0	1.0~2.0	0.4~1.0	0.3~0.9	—	—	余量
	ZL109	11.0~13.0	0.5~1.5	0.8~1.5	—	—	Ni：0.5~1.5	余量
	ZL110	4.0~6.0	5.0~8.0	0.2~0.5	—	—	—	余量
	ZL111	8.0~10.0	1.3~1.8	0.4~0.6	0.1~0.35	—	Ti：0.1~0.35	余量
Al-Cu	ZL201	—	4.5~5.3	—	0.6~1.0	—	Ti：0.15~0.35	余量
	ZL202	—	9.0~11.0	—	—	—	—	余量
	ZL203	—	4.0~5.0	—	—	—	—	余量
Al-Mg	ZL301	—	—	9.5~11.5	—	—	—	余量
	ZL302	0.8~1.3	—	4.5~5.5	0.1~0.4	—	—	余量
Al-Zn	ZL401	6.0~8.0	—	0.1~0.3	—	9.0~13.0	—	余量
	ZL402	—	—	0.3~0.8	Cr：0.3~0.8	6.0~7.0	Ti：0.1~0.4	余量

2.3.1.1 铝硅铸造合金

铝硅铸造合金，最基本的合金为 ZL102 二元铸造合金，含 10%~13%Si，具有共晶组织。图 2-7 为铝硅二元合金相图。铸造铝硅合金一般需要采用变质处理，以改变共晶硅的形态。变质处理后，改变了铝硅二元合金相图，共晶温度由 578℃ 降为 564℃，共晶成分 Si 由 11.7% 增加到 14%（图 2-7 中虚线所示），所以 ZL102 合金处于亚共晶相区，合金中的初晶硅消失，而粗大的针状共晶硅细化成细小条状或点状，并在组织中出现初晶 α 固溶体。ZL102 合金变质处理前后的组织形貌如图 2-8 所示。

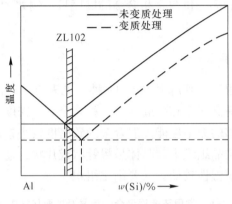

图 2-7   铝硅二元合金相图

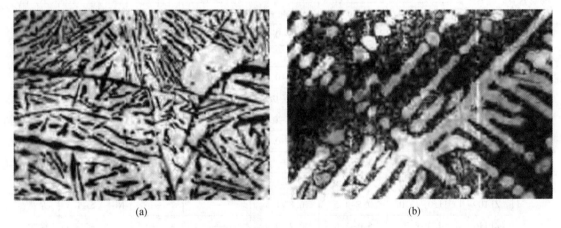

图 2-8   ZL102 变质处理前后的组织形貌

（a）未变质处理（250×）；（b）变质处理（100×）

常用的变质剂为钠盐，加入 1%～3% 的钠盐混合物（2/3NaF+1/3NaCl）或三元钠盐（25%NaF+62%NaCl+13%KCl），这种变质作用机理主要是由于钠被吸附在硅晶核上，改变了硅晶体的生长方式而造成的。通常铝硅合金结晶时，硅晶体形成时易产生孪晶。在未变质时，初晶硅总是沿孪晶面（111）成核，沿 [112] 方向择优生长，故易形成块状，在显微镜下的形貌为多边形或几何形状。变质处理后，由于钠不断被吸附在硅晶核上，抑制了硅晶核的不均匀生长，而按各向同性的方式生长并促使其发生分枝或细化，所以最终生长为球状或多面体状，如图 2-8 所示。

钠盐的缺点是变质处理有效时间短，加入后要在 30min 内浇注完。而锶和稀土金属都可作为长效变质剂。此外，钠盐变质剂易与熔融合金中的气体起反应，使变质处理后的铝合金铸件产生气孔等铸造缺陷，为了消除这种铸造缺陷，浇注前必须进行精炼脱气，这导致铸造工艺复杂化。故一般对于 $w(\mathrm{Si})$ 小于 7%~8% 的合金不进行变质处理。

2.3.1.2 铝硅镁铸造合金

铝硅合金经变质处理后，可以提高力学性能。但由于硅在铝中的固溶度变化大，且硅在铝中的扩散速度很快，极易从固溶体中析出，并聚集长大，时效处理时不能起强化作用，故铝硅二元合金的强度不高。为了提高铝硅合金的强度而加入镁，形成强化相 Mg_2Si，并采用时效处理以提高合金的强度。铝镁硅三元合金相图如图 2-9 所示。

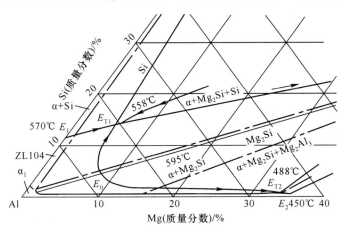

图 2-9 铝镁硅三元合金相图铝角部分

常用的铝硅镁铸造合金有 ZL104、ZL101 等合金。例如，ZL104 合金成分标于图 2-9 中所示位置（8%~10.5%Si，0.17%~0.30%Mg，0.2%~0.5%Mn），在室温时的平衡组织为 α 固溶体与（α+Si）二元共晶体以及从 α 固溶体中析出的 Mg_2Si 相。ZL104 合金在铝硅铸造合金中是强度最高的，经过金属铸造，(585±5)℃固溶 3~5h 水冷，(175±5)℃人工时效 5~10h，其力学性能为：抗拉强度 235MPa，伸长率 2%。它可以制造工作温度低于 200℃的高负荷、形状复杂的工件，如发动机汽缸体、发动机机壳等。

若适当减少硅含量而加入铜和镁可进一步改善合金的耐热性，获得铝硅铜镁系铸造合金，其强化相除了 Mg_2Si、$CuAl_2$ 外，还有 Al_2CuMg，$Al_xCu_4Mg_5Si_4$ 等相。常用的铝硅铜镁系铸造合金有 ZL103、ZL105、ZL111 等合金。它们经过时效处理后，可制作受力较大的零件，如 ZL105 可制作在 250℃以下工作的耐热零件，ZL111 可铸造形状复杂的内燃机汽缸等。

2.3.2 其他铸造铝合金

2.3.2.1 铝铜铸造合金

根据图 2-2 可知，铝铜铸造合金的主要强化相是 $CuAl_2$。铝铜铸造合金最大的特点是耐热性高，是所有铸造铝合金中耐热最高的一类合金。其高温强度随铜含量的增加而提高，而合金的收缩率和热裂倾向则减小，但由于铜含量增加，使合金的脆性增加，此外还使合金的质量密度增大，所以导致合金耐蚀性降低。铸造性能变差。

铝铜铸造合金共有三种牌号，其牌号和主要化学成分见表 2-6。如 ZL201，其室温组织为 α 固溶体和 θ 相（$CuAl_2$）。θ 相呈网状或半网状分布，在显微镜明场下观察，呈浅红灰色，反差不大，如图 2-10 所示。

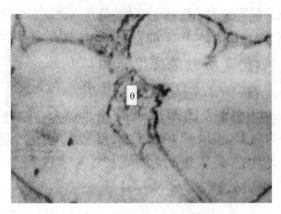

图 2-10　铝铜铸造合金中 θ 相分布

ZL203 合金的热处理强化效果最大，是常用的铝铜铸造合金。为了改善其铸造性能，提高流动性，减少铸后热裂倾向，需要加入一定量的硅以形成一定量的三元共晶组织（α+Si+CuAl₂），一般用金属模铸造，加入 3%Si；砂模铸造加入 1%Si。但加硅后有损于合金的室温性能和高温性能。铝铜铸造合金根据铜含量不同，其用途也不同。例如 ZL203，含 4.0%~5.0%Cu，具有高的强度和塑性，但铸造性能较差，故适宜于制造形状简单强度要求较高的铸件。ZL202，含 9.0%~11.0%Cu，尽管热处理强化效果较差，但铸造性能较好，所以适合于铸造形状复杂，但强度和塑性要求不太高的大型铸件。

2.3.2.2　铝镁铸造合金

铝镁铸造合金的优点是密度小，强度和韧性较高，并具有优良的耐蚀性、切削性和抛光性。从图 2-5 中可以看出，铝镁铸造合金的结晶温度范围较宽，故流动性差，形成的疏松倾向大，其铸造性能不如铝硅合金好。且熔化浇注过程易形成氧化夹渣，使铸造工艺复杂化。此外，由于合金的熔点较低，所以热强度较低，工作温度不超过 200℃。

铝镁铸造合金共有两种牌号，其牌号和主要化学成分见表 2-6。铝镁二元合金的成分和性能关系如图 2-11 所示。其强度和塑性综合性能最佳的含量为 9.5%~11.5%，这就是常用的 ZL301 合金的镁含量。再高的镁含量因 β-Al₈Mg₅ 相难以完全固溶而使合金性能下降。ZL301 合金铸态组织中除 α 固溶体外，还有部分 Al₈Mg₅ 离异共晶存在于树枝晶边界。图 2-12 所示为 ZL301 合金固溶处理后的组织。经固溶处理后，β 相大多固溶到 α 相中，黑色呈蝴蝶状的 Mg₂Si 未溶入。由于铝镁合金时效处理过程不经历 G.P. 区阶段，而直接析出 Al₈Mg₅ 相，故时效

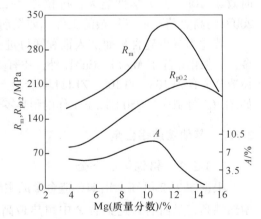

图 2-11　铝镁二元合金成分与性能的关系

强化效果较差，且强烈降低合金的耐蚀性和塑性。因此。ZL301 合金常以淬火状态使用。

为了改善铝镁铸造合金的铸造性能，加入 0.8%~1.3%Si。铝镁铸造合金常用作制造

承受冲击、振动载荷和耐海水或大气腐蚀、外形较简单的重要零件和接头等。

2.3.2.3 铝锌铸造合金

图 2-13 所示为铝锌二元合金相图。根据相图,在铝锌二元合金中,不形成金属间化合物。锌在铝中有很大的溶解度,极限溶解度为 31.6%。固溶的锌起固溶强化作用。在铝锌合金中 Zn 含量可达 13%,在铸造冷却时不发生分解,可获得较大的固溶强化效果,故铝锌铸造合金具有较高的强度,是最便宜的一种铸造铝合金。其主要缺点是耐蚀性差。

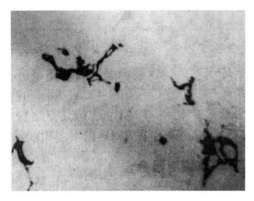

图 2-12　ZL301 合金固溶处理后的组织（200×）

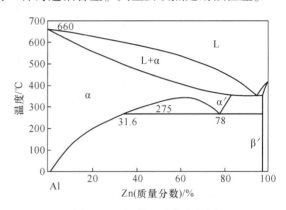

图 2-13　铝锌二元合金相图

铝锌铸造合金共有两种牌号,其牌号和主要化学成分见表 2-6。常用的是 ZL401 合金。由于这种合金含有较高的硅（6.0%~8.0%）,又称含锌特殊铝硅合金。在合金中加入适量的镁、锰和铁,可以显著提高合金的耐热性能。主要用于制作工作温度在 200℃ 以下,结构形状复杂的汽车及飞机零件、医疗机械和仪器零件等。

2.3.3　铸造铝合金的热处理

铸造铝合金中除了 ZL102 外,其他合金均能进行热处理强化。由于铸造铝合金比变形铝合金形状复杂,壁厚不均匀,组织粗大,偏析严重,因此铸造铝合金的热处理较变形铝合金的热处理有以下特点:

（1）为防止工件变形或过热,最好在 350℃ 以下低温入炉,然后随炉缓慢加热到淬火温度。

（2）淬火温度要高一些,保温时间要长一些,一般平均在 15~20h。

（3）淬火介质一般用 60~100℃ 的水。

（4）凡是需要时效处理的铸件,一般均采用人工时效。

铸造铝合金的热处理可根据铸件的工作条件和性能要求,选择不同的热处理方法。表 2-7 列出了铸造铝合金热处理工艺方法、特点和目的。

表 2-7　铸造铝合金热处理工艺方法、特点和目的

热处理工艺方法	代号	工艺特点	目　的
铸造后直接人工时效	T1	角件在金属型铸造、压铸以及精铸后,不经淬火直接进行人工时效	改善切削加工性,降低工件表面粗糙度

热处理工艺方法	代号	工艺特点	目 的
退火	T2	—	消除铸造应力，稳定尺寸，提高铸件塑性
淬火+自然时效	T4	—	提高铸件强度与耐蚀性
淬火+不完全人工时效	T5	淬火后人工时效温度较低或在正常湿度下短时时效	铸件部分强化，保持较好的塑性
淬火+人工时效	T6	—	达到最大的强度、硬度
淬火+稳定化回火	T7	时效温度接近于铸件工作温度	保证铸件在工作温度下保持组织稳定
淬火+软化回火	T8	时效温度高于T7	降低铸件硬度，提高塑性

3 镁 合 金

3.1 概　述

3.1.1　镁的基本性质

镁主要有下列一些基本性质：

（1）镁的原子序数为 12，相对原子质量为 24.32，镁的晶体结构为密排六方，25℃时晶胞的轴比为 $c/a = 1.6237$。

（2）镁在 20℃时的密度只有 1.738g/cm^3，是常用结构材料中最轻的金属，镁的这一特征与其优越的力学性能相结合，成为大多数镁基结构材料应用的基础。

（3）镁的体积热容比其他所有的金属都低。镁在 20℃时的体积热容为 $1781\text{J/}(\text{dm}^3 \cdot \text{K})$，在同样条件下铝的体积热容为 $2430\text{J/}(\text{dm}^3 \cdot \text{K})$，钛为 $2394\text{J/}(\text{dm}^3 \cdot \text{K})$，铜为 $3459\text{J/}(\text{dm}^3 \cdot \text{K})$，锌为 $2727\text{J/}(\text{dm}^3 \cdot \text{K})$，镁及镁合金的一个重要特性是升温与降温都比其他金属快。

（4）镁具有很高的化学活泼性，镁在潮湿大气、海水、无机酸及其盐类、有机酸、甲醇等介质中均会剧烈的腐蚀，但镁在干燥的大气、碳酸盐、氟化物、铬酸盐、氢氧化钠溶液、苯、四氯化碳、汽油、煤油及不含水和酸的润滑油中却很稳定。

（5）镁的室温塑性很差，纯镁多晶体的强度和硬度也很低。

3.1.2　镁合金的特点

纯镁的优点很多，但是力学性能较低，其应用范围受到很大限制。通过在纯镁中添加合金元素，可以显著改善镁的物理、化学及力学性能。镁合金的密度比纯镁稍高，在 $1.75 \sim 1.85\text{g/cm}^3$ 之间。现已开发出较多的镁合金体系，大多数镁合金具有如下特点：

（1）比强度、比刚度均很高。比强度明显高于铝合金和钢，比刚度与铝合金和钢相当，而远远高于工程塑料。

（2）弹性模量较低。当受到外力时，应力分布将更均匀，可以避免过高的应力集中。在弹性范围内承受冲击载荷时，所吸收的能量比铝高 50% 左右。所以，镁合金适宜于制造承受猛烈撞击的零件。此外，镁合金受到冲击或摩擦时，表面不会产生火花。

（3）良好的减振性。在相同载荷下，减振性是铝的 100 倍，是钛合金的 300 ~ 500 倍。

（4）切削加工性能优良，其切削速度大大高于其他金属。

（5）镁合金的铸造性能优良，几乎所有的铸造工艺都可铸造成形。

3.1.3　镁合金的分类

目前，国际上倾向于采用美国试验材料协会（ASTM）使用的方法来标记镁合金。我国镁合金牌号的命名规则也基本上与国际接轨。GB/T 5153—2003 标准规定了牌号的命名规则：镁合金牌号以英文字母加数字再加英文字母的形式表示。前面的英文字母是其最主要的合金元素代号（元素符号有规定，如 A 代表 Al，C 代表 Cu，K 代表 Zr，M 代表 Mn，R 代表 Cr，S 代表 Si，T 代表 Sn，Z 代表 Zn 等），其后的数字表示其最主要合金元素的大致含量。最后面的英文字母为标识代号，用以标识各具体合金元素相异或元素含量有微小差别的不同合金。如 AZ91D 镁合金牌号，"A"表示镁合金中主要合金元素铝，"Z"为含量次高的元素 Zn，"9"表示铝质量分数含量大致为 9%，"1"表示锌质量分数含量大致为 1%，"D"为标识代号。部分镁合金牌号及主要化学成分见表 3-1，中国与美国部分镁合金相近牌号对照见表 3-2。

表 3-1　部分国产镁合金牌号及主要合金元素

种类	合金系	牌号	主要合金元素（质量分数）/%	杂质总量（不大于）
变形镁合金	Mg-Mn	M2M	1.3~2.5Mn	0.20
		ME20M	1.3~2.2Mn，0.15~0.35Ce	0.30
	Mg-Al-Zn	AZ40M	3.0~4.0Al，0.15~0.5Mn，0.2~0.8Zn	0.30
		AZ61M	5.5~7.0Al，0.15~0.5Mn，0.5~1.5Zn	0.30
		AZ80M	7.8~9.2Al，0.15~0.5Mn，0.2~0.8Zn	0.30
	Mg-Zn-Zr	ZK61M	5.0~6.0Zn，0.3~0.9Zr	0.30
铸造镁合金	Mg-Zn-Zr	ZK51A	3.5~5.3Zn，0.3~1.0Zr	0.30
		ZK61A	5.7~6.3Zn，0.3~1.0Zr	0.30
	Mg-RE-Ag-Zr	QE22A	≤0.2Zn，≤0.15Mn，0.8~1.0Zr，1.9~2.4RE，2.0~3.0Ag	0.30
		EQ21A	1.5~3.0RE，0.3~1.0Zr，1.3~1.7Ag	0.30
	Mg-Al-Zn	AZ81A	7.2~8.0Al，0.15~0.35Mn，0.5~0.9Zn	0.30
		AZ91D	8.5~9.5Al，0.17~0.4Mn，0.45~0.9Zn	0.10（单个）
	Mg-Al-Mn	AM20S	1.7~2.5Al，0.35~0.6Mn，≤0.2Zn	0.01（单个）
		AM60B	5.6~6.4Al，0.26~0.5Mn，≤0.2Zn	0.01（单个）

表 3-2　中国与美国部分镁合金相近牌号对照

中国	美国（ASTM）	中国	美国（ASTM）	中国	美国（ASTM）
M2M	AIMIA	ZK61M	ZK60A	EZ33A	EZ33A
AZ40M	AZ31C	ZK51A	ZK51A	AZ81S	AZ81A/AZ91C
AZ61M	AZ61A	ZE41A	ZF41A	AZ91S	AM100A
AZ80M	AZ80X	WE43A	EK41A		

　　镁合金一般按化学成分、成形工艺和是否含锆三种方式分类。大多数镁合金都含有多种合金元素，为了突出主要的合金元素，习惯上总是依据最主要合金元素，将镁合金划分为二元合金系：Mg-Mn、Mg-Al、Mg-Zn、Mg-RE、Mg-Th、Mg-Ag 和 Mg-Li 系。

　　按成形工艺，镁合金可分为两大类，即变形镁合金和铸造镁合金，变形镁合金和铸造镁合金在成分、组织和性能上存在着很大的差异。如前所述，固溶体合金的塑性变形性能优良，但强度较低。含金属间化合物的两相合金，其强度高，但塑性变形能力低。特别是当第二相很脆时，变形往往不均匀，容易造成开裂。因此，早期的变形镁合金由于要求其兼有良好的塑性变形能力和尽可能高的强度，对其组织的设计大多要求不含金属间化合物，其强度的提高主要依赖合金元素对镁合金的固溶强化和塑性变形引起的形变强化。

铸造镁合金比变形镁合金的应用要广泛得多。铸造镁合金主要应用于汽车零件、机件壳罩和电气构件等。铸造镁合金多用于压铸工艺生产，其主要工艺特点为生产效率高、精度高、铸件表面质量好、铸态组织优良、可生产薄壁及复杂形状的构件等。

依据合金中是否含锆，镁合金又可划分为含锆和不含锆两大类。Mg-Zr 合金中一般都含有另一组元，最常见的合金系列是：Mg-Zn-Zr、Mg-RE-Zr、Mg-Th-Zr 和 Mg-Ag-Zr 系列。不含锆镁合金有：Mg-Zn、Mg-Mn 和 Mg-Al 系列。目前应用最多的是不含锆压铸镁合金 Mg-Al 系列。含锆镁合金与不含锆镁合金中均包含着变形镁合金和铸造镁合金。

3.2　镁合金的合金化

3.2.1　合金元素对组织和性能的影响

合金元素和镁的作用规律主要与它们的晶体结构、原子尺寸、电负性等因素相关。

（1）晶体结构因素。镁具有六方结构，但其他常用的密排六方结构元素（如锌和铍），不能与镁形成无限固溶体。只有镉在 253℃ 时，能与镁形成无限固溶体。

（2）原子尺寸因素。溶质和溶剂原子大小的相对差值小于 15% 时，才能形成无限固溶体。金属元素中约有 1/2 元素与镁可能形成无限固溶体。

（3）负性因素。溶质元素与溶剂元素之间的电负性相差越大，生成的化合物越稳定。镁具有较强的正电性，当它与负电性元素形成合金时，几乎一定形成化合物。这些化合物往往具有 Laves 相结构，同时其成分具有正常的化学价规律。

（4）原子价因素。溶质和溶剂的原子价相差越大，则溶解度越小。与低价元素相比，较高价元素在镁中的溶解度较大。所以，尽管 Mg-Ag 和 Mg-In 之间原子价差是相同的，但一价银在二价镁中的溶解度比三价铟在镁中的溶解度要小得多。

镁合金的主要合金元素有 Al、Zn、Mn 和 Zr 等。Fe、Ni、Cu 等元素是有害元素。合金元素对镁合金组织和性能有着重要影响。

铝在固态镁中具有较大的固溶度，图 3-1 所示为 Mg-Al 二元合金相图。铝在镁中的极限固溶度为 12.7%（质量分数，下同），而且随温度的降低显著减小，在室温时的固溶度为 2.0% 左右。铝可改善压铸件的铸造性能，提高铸件强度，但是，$Mg_{17}Al_{12}$ 在晶界上析出会降低抗蠕变性能。在铸造镁合金中铝含量可达 7%～9%，而在变形铝合金中一般控制在 3%～5%。铝含量越高，耐蚀性越好，但应力腐蚀敏感性随铝含量的增加而增加。

锌在镁中的固溶度约为 6.2%，其固溶度随温度的降低显著减小。但当锌含量大于 2.5% 时对耐蚀性有负面影响，原则上锌含量一般控制在 2.0% 以下。锌能提高应力腐蚀的敏感性，明显提高了镁合金的疲劳极限和铸件的抗蠕变性能。

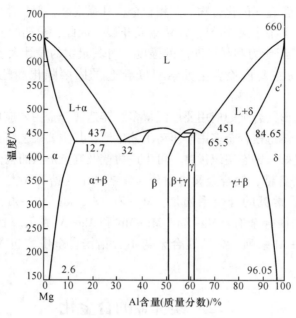

图 3-1　Mg-Al 二元合金相图

　　锰在镁中的极限固溶度为 3.3%，如图 3-2 所示。锰的加入对合金的强度影响不大，但降低塑性。在镁合金中加入 1%~2.5% Mn 主要目的是提高合金抗应力腐蚀倾向，从而提高腐蚀性能和改善合金的焊接性能。锰略能提高合金的熔点，在含铝的镁合金中形成 MgFeMn 化合物，可提高镁合金的耐热性。此外，锰容易同有害杂质元素铁化合，从而清除了铁对抗蚀性的有害影响，使得腐蚀速度特别是在海水中的腐蚀速度大大降低。图 3-3 所示为 M2M 变形镁合金经轧制后的显微组织，α 相沿加工方向呈针状分布。

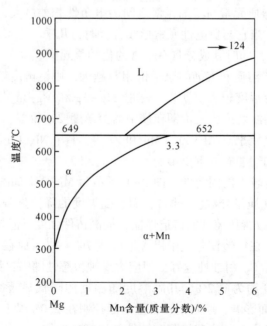

图 3-2　Mg-Mn 二元合金相图镁端

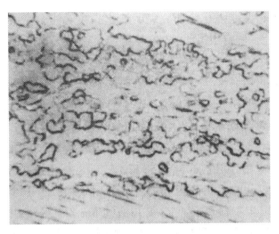

图 3-3 M2M 变形镁合金经轧制后的显微组织（200×）

锆在镁中的极限溶解度为 3.8%，如图 3-4 所示。锆是高熔点金属，有较强的固溶强化作用。锆与镁有相同的晶体结构，Mg-Zr 合金在凝固时，会析出 α-Zr，可作为结晶时的非自发形核的核心，所以可以细化晶粒。在镁合金中加入 0.5% ~ 0.8%Zr，其细化晶粒效果最好。固溶的稀土元素可增强镁合金的原子间结合力，降低合金中原子扩散速率，增加合金的热稳定性，镁与稀土元素可形成金属间化合物，稀土镁金属间化合物的热稳定性高，有明显的沉淀强化效果。在铸造镁合金中，稀土元素是改善耐热性最有效和最具实用价值的金属。在稀土金属中，Nd 的作用最佳。Nd 在镁合金中可导致其在高温和常温下同时获得强化，Ce 或 Ce 的混合稀土虽然对改善耐热性效果较好，但常温强化作用差。研究表明，重稀土元素钆、钇等和轻稀土元素钕、钐等复合加入合金化，具有显著的强化作用。

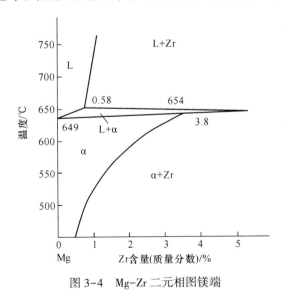

图 3-4 Mg-Zr 二元相图镁端

3.2.2 镁合金的强韧化

镁合金基体为密排六方点阵，滑移系少，塑韧性差。在一定合金化基础上，镁合金强化途径主要是细晶强化和沉淀强化。研究表明细化晶粒对镁合金的强化效应非常显著，也可明显改善韧度，降低韧-脆转化温度。镁的晶粒尺寸从 $60\mu m$ 细化到 $2\mu m$ 时，韧-脆转化温度可从 250℃ 下降到室温。当镁合金晶粒尺寸细化到 $1\mu m$ 时，晶界滑移成为新的形变机制，大大改善了合金的塑韧性，并可能出现超塑性。

在镁合金中沉淀强化也是有效的途径。与铝合金等其他有色金属合金相似，镁合金也可通过固溶和时效过程来获得沉淀强化效应，在时效过程中也往往形成一些过渡相。以 Mg-5.5Zn 的镁锌合金为例，过饱和固溶体的时效过程主要有四个阶段：在 $70\sim80℃$ 以下形成 G. P. 区；若形成 G. P. 区后，再在 150℃ 时效，可析出细小弥散分布的 $MgZn_2$，呈短杆状，与基体完全共格，此时可得到最大的沉淀强化效果；进一步提高温度，则逐步转变为圆盘状的半共格 $MgZn_2'$ 相；最后转变为非共格的 Mg_2Zn_3 平衡相。不同的稀土元素与镁形成的金属间化合物其溶解度是不同的，只有极限溶解度大的合金系才能产生显著的沉淀强化效应。如钕在镁中的溶解度较大（3.6%）。其过饱和固溶体的脱溶过程为：在室温到 180℃ 形成 G. P. 区，呈薄片状；在 $180\sim260℃$ 范围，出现超结构的 $\beta''-Mg_3Nd$ 亚稳相，薄片状，与基体保持完全共格，这时合金具有最大的强化效果；在 $200\sim300℃$ 范围内，在位错线上析出面心立方结构的 β'' 亚稳相，也呈薄片状，与基体半共格；最后形成 $Mg_{12}Nd$ 平衡相。

有些合金元素改变了镁合金的晶格参数，降低密排六方点阵的轴比 c/a 值，增加镁合金的滑移系数目，可明显改善塑韧性。采用快速凝固技术使 La、Ce、Nd、Y 等稀土元素在镁中固溶度增加，大幅度降低 c/a 值，从而获得很好的延性。

3.3　变形镁合金的组织性能

变形镁合金经过挤压、轧制和锻造等工艺后具有比相同成分的铸造镁合金更高的性能。变形镁合金制品有轧制薄板、挤压件和锻件等，这些产品具有低成本、高强度和高延展性等优点，其工作温度不超过 150℃。

在变形镁合金中，常用的合金系为 Mg-Al 系与 Mg-Zn-Zr 系。Mg-Al 系变形镁合金属于中等强度、塑性较高的变形镁合金，铝含量为 $0\sim8\%$，典型的合金为 AZ40M、AZ61M 及 AZ80M。由于 Mg-Al 合金具有良好的强度、塑性和耐腐蚀等综合性能，且价格较低，所以是最常用的合金系列。Mg-Zn-Zr 系合金是高强度镁合金，变形能力不如 Mg-Al 系合金，常要用挤压工艺生产，常用合金为 ZK61M。ZK61M 合金的缺点是焊接性差，不能作焊接件。由于其强度高，耐蚀性好，无应力腐蚀倾向，且热处理工艺简单，故能制造形状复杂的大型构件，如飞机上的机翼长桁、翼肋等。部分变形镁合金牌号见表 3-1。

在镁中加入锂元素能获得超轻变形镁合金，其密度在 $1.30\sim1.65g/cm^3$，它是至今为止最轻的金属结构材料，具有极优的变形性能和较好的超塑性，已应用在航天和航空器上。

图 3-5 是 AZ40M 挤压组织，晶粒尺寸为 $15\sim20\mu m$。AZ61M 挤压组织如图 3-6 所示，组织由 α 相和沿晶界分布的 β 相（$Mg_{17}Al_2$）组成，并存在孪晶组织。此外，晶粒大小相

差悬殊，大晶粒长达 $250\mu m$，而小的仅有 $10\mu m$ 左右。从侧向看，晶粒变形程度非常高，存在形变织构。图 3-7 为 AZ80M 挤压组织，晶粒较细小，晶粒尺寸约为 $17\mu m$。从图中也可明显见到挤压织构，即黑色呈线状的 β 相代表了挤压方向。图 3-8 所示为 AZ80M 合金 TEM 照片，β 相为板条状，板条之间存在一定的位相关系。

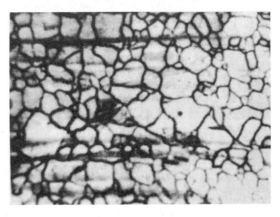

图 3-5　AZ40M 挤压组织

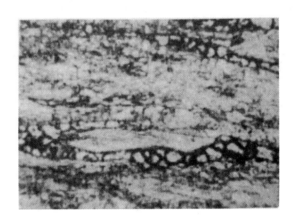

图 3-6　AZ61M 挤压组织

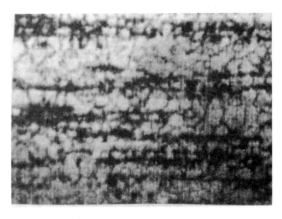

图 3-7　AZ80M 挤压组织

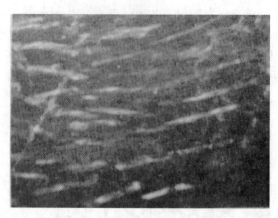

图3-8　AZ80M板条状β形貌

变形镁合金的性能与加工工艺、热处理状态有很大关系，尤其是加工温度不同，材料的力学性能可能处于较宽的范围。在400℃以下挤压，挤压合金已发生再结晶。在300℃进行冷挤压，材料内部保留了许多冷加工的显微组织特征，如高密度位错或孪晶组织。在再结晶温度以下挤压可使挤压制品获得更好的力学性能（见表3-3）。冷轧镁合金薄板的纵向室温力学性能见表3-4。

表3-3　挤压镁合金力学性能与温度关系

合金牌号	挤压温度/℃	抗拉强度/MPa	屈服强度/MPa	断后伸长率/%
AZ40M	380	300	230	21
	400	270	185	16
	430	245	150	14
M2M	250	275	185	7
	430	235	135	6

表3-4　冷轧镁合金薄板的室温纵向力学性能

合金牌号	状态	板材厚度/mm	R_m/MPa	$R_{p0.2}$/MPa	$A_{11.3}$/%
M2M	退火	0.8~3.0	185	110	6
		6.0~10.0	165	90	5
AZ40M	退火	0.8~3.0	235	130	12
		3.5~10.0	225	120	12
AZ41M	退火	0.8~3.0	245	145	12
		6.0~10.0	235	140	10
ME20M	退火	0.8~3.0	225	120	12
		6.0~10.0	215	110	10
	冷加工后有一定的退火	0.8~3.0	245	155	8
		6.0~10.0	235	140	6

值得注意的是：变形时镁的弹性模量择优取向不敏感，因此在不同的变形方向上，弹性模量的变化不明显；变形镁合金产品压缩屈服强度低于拉伸屈服强度，所以在涉及如弯曲等不均匀塑性变形时，需特别注意。根据镁合金的这些变形特点，要注意把塑性变形与热处理结合起来，充分利用细晶强化等新工艺，通过添加合适的合金元素特别是稀土元素来改进合金的性能，从而制备出先进的变形镁合金材料。

3.4 铸造镁合金的组织和性能

铸造镁合金中主要合金系为 Mg-Zn-Zr、Mg-Al-Zn 及 Mg-RE-Zr 等。其中含稀土元素的铸造镁合金占铸造镁合金总数的比例除个别国家外，都在半数以上。铸造镁合金加稀土金属进行合金化，提高了镁合金熔体的流动性，降低了微孔率，减轻疏松和热裂倾向，并提高了耐热性。

3.4.1 Mg-Al-Zn 系铸造合金

Mg-Al-Zn 合金中铝含量只有高于 4% 时才有足够体积分数的 $Mg_{17}Al_{12}$ 相产生沉淀强化，故一般要高于 7% 才能保证有足够的强度。最典型和常用的镁合金是 AZ91D，其压铸组织是由 α 相和在晶界析出的 β 相 $Mg_{17}Al_{12}$ 组成，如图 3-9 所示。Mg-Al-Zn 合金组织成分常出现晶内偏析现象，先结晶部分含铝量较多，后结晶部分含镁量较多。晶界和表层含铝量高，晶内和里层含铝量低。另外，由于冷却速度的差异，导致压铸组织表层组织致密、晶粒细小，而芯部晶粒较粗大，因此表层硬度明显高于芯部硬度。

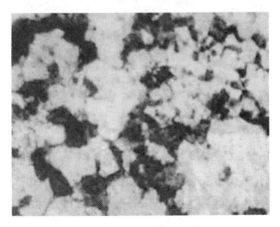

图 3-9 压铸 AZ91D 镁合金组织（100×）

加入少量的锌可提高合金元素的固溶度，加强热处理强化效果，有效地提高合金的屈服强度。含锌高的 Mg-Al-Zn 合金有更好的模铸性能。此外，压铸组织的耐蚀性比砂型铸造的要好，这是压铸组织表面铝含量较高的缘故。

3.4.2 Mg-Zn-Zr 系铸造合金

镁锌合金中有沉淀强化相 Mg_2Zn_3，其亚稳相 $MgZn_2$ 有沉淀强化效果。当锌含量增加时，合金的强度升高；但超过 6%时，强度提高不明显，但塑性下降较多。加入少量锆后可细化晶粒，改善力学性能。加入一定量混合稀土金属可改善工艺性能，但其室温力学性能有所降低。增加稀土金属和锌后，出现晶界脆性相，难以在固溶时溶解。稀土对 Mg-Al-Zn 合金塑性的不良影响可通过氢化处理来改善。氢化处理的原理是把 ZM8 或 ZM2 合金放在 480℃的 H_2 中固溶处理，令 H_2 沿晶界向内部扩散，与偏聚于晶界的 MgZnRE 化合物中的 RE 发生反应，生成不连续的颗粒状 RE 氢化物。因 H_2 不与 Zn 发生反应，当 RE 从 MgZnRE 相中被夺走，被还原的锌原子即固溶于 α 固溶体，结果使锌的过饱和度升高。最终时效后，晶粒内部生成细针状沉淀相，强度显著提高，没有显微疏松，伸长率和疲劳强度也得到改善，综合性能优秀。

图 3-10 所示为 ZK51A 砂铸后的组织，组织为 δ 固溶体+网状的 MgZn 化合物，δ 内有偏析，并有明显疏松、缩孔缺陷。ZE41A 合金是在 ZK51A 基础上加入 1.0%~1.75%富铈稀土金属。ZE41A 合金的高温蠕变强度、瞬时强度和疲劳强度明显高于 ZK51A 合金，且铸件致密，易铸造和焊接，可在 170~200℃工作，用于飞机的发动机和导弹各种铸件。

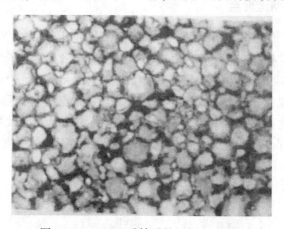

图 3-10　ZK51A 砂铸后的组织（100×）

3.4.3　Mg-RE-Zr 系耐热铸造合金

稀土元素 Nd 在镁中的溶解度较大，对室温和高温强度的贡献也较大。混合 RE 和 Ce 的溶解度最小，对高温强度虽有贡献，但对室温强度和塑性不利。镁钕系合金的 γ 相（Mg_9Nd）热稳定性很高，从室温加热到 200℃，硬度只降低 20%左右，是极重要的强化相。Mg-Nd 合金的时效硬化与共格的 β″相直接相关，当这种相在 250℃失去共格性时，蠕变速度急剧升高。β″相是面心立方晶格，在 200~300℃时效时在位错线上生核和长大。Mg-Nd 合金中加入一定量的锆后可进一步细化晶粒、稳定组织，并可改善耐蚀性。ZM6 是 Mg-RE-Zr 系合金中性能最好的合金，热处理后室温强度高，高温瞬时强度和蠕变强度也很高，可在 250℃长期工作。在 Mg-Nd 合金中加入 0.2%~0.7%Zn 能提高 250℃时的抗蠕变性能，而不影响室温性能。但锌增加到 1.0%，蠕变速度反而增大。

在 Mg-RE-Zr 系合金中加入 Ag 能改善合金的时效效应和强度。这种合金的室温强度与高强 Mg-RE-Zr 合金（ZK51，ZM1）相同，并有优良的铸造性和可焊性。如果用富 Nd 混合稀土代替富 Ce 混合稀土，强度还能进一步提高。几种新发展起来的 Mg-Ag-

RE(Nd)-Zr 系合金在 250℃ 以下的抗拉强度比任何镁合金都高，几乎与高强铸造 Al 合金相等。

3.5　镁合金的热处理

　　镁合金的常规热处理工艺分为两大类：退火和固溶时效。因为合金元素的扩散和合金相的分解过程极其缓慢，所以镁合金热处理的主要特点是固溶和时效处理时间较长，并且镁合金淬火时不必快速冷却，通常在静止的空气或人工强制流动的气流中冷却即可。

　　完全退火的目的是消除镁合金在塑性变形过程中的形变强化效应，恢复和提高其塑性，以便进行后续的变形加工。几种变形镁合金的完全退火工艺规范见表 3-5。由于镁合金的大部分成形操作都在高温下进行，故一般对其进行完全退火处理。

表 3-5　几种变形镁合金的完全退火和去应力退火工艺规范

合金牌号	完全退火		去应力退火（板材）		去应力退火（冷挤压件或锻件）	
	温度/℃	时间/h	温度/℃	时间/h	温度/℃	时间/h
MB1	340~400	3~5	205	1	260	0.25
MB2	350~400	3~5	150	1	260	0.25
MB3	—	—	250~280	0.5	—	—
MB8	280~320	2~3	—	—	—	—
MB15	380~420	6~8	—	—	260	0.25

　　去应力退火既可以消除变形镁合金制品在冷热加工、成形、校正和焊接过程中产生的残余应力，也可以消除铸件或铸锭中的残余应力。镁合金铸件中的残余应力一般不大，但由于镁合金弹性模量低，在较低应力下就能使镁合金铸件产生相当大的弹性应变。所以，必须彻底消除镁合金铸件中的残余应力以保证其精密机加工时的尺寸公差、避免其翘曲和变形以及防止镁铝铸造合金焊接件发生应力开裂等。

　　镁合金经过固溶淬火后不进行时效可以同时提高其抗拉强度和伸长率。由于镁原子扩散较慢，故需要较长的加热时间以保证强化相的充分溶解。镁合金的砂型厚壁铸件固溶时间最长，其次是薄壁铸件或金属型铸件，变形镁合金的最短。

　　部分镁合金经过铸造或加工成形后不进行固溶处理而是直接进行人工时效。这种工艺很简单，也能获得相当高的时效强化效果。特别是 Mg-Zn 系合金，若重新加热固溶处理会导致晶粒粗化，故通常在热变形后直接人工时效以获得时效强化效果。对于 Mg-Al-Zn 和 Mg-RE-Zr 合金，常采用固溶处理后人工时效，可提高镁合金的屈服强度，但会降低部分塑性。

　　通常情况下，当镁合金铸件经过热处理后其力学性能达到了期望值时，很少再进行二次热处理。但若镁合金铸件热处理后的显微组织中化合物含量过高，或者在固溶处理后的缓冷过程中出现了过时效现象，那么就要进行二次热处理。

3.6　镁合金的应用

　　全球范围掀起的镁合金开发应用热潮始于 20 世纪 90 年代。世界镁产业每年以 15%~

25%的幅度增长，这在近代工程金属材料的应用中是前所未有的。

3.6.1 镁合金在汽车工业中的应用

镁合金用作汽车零部件通常具有下列优点：

（1）显著减轻车重，降低油耗，减少尾气排放量。据测算，汽车所用燃料的60%消耗于汽车自重，汽车每减重10%，耗油将减少约89%。

（2）提高零部件的集成度，降低零部件加工和装配成本，提高汽车设计的灵活性。

（3）可以极大改善车辆的噪声、振动现象。

由于质量减轻，还可改善刹车和加速性能。到目前为止，在汽车上有60多个零部件采用了镁合金，综合看来，有7种部件镁合金的使用普及率最高，它们是仪表盘基座、座位框架、方向盘轴、发动机阀盖、变速箱壳、进气歧管和汽车车身。

3.6.2 镁合金在航空领域中的应用

就航空材料而言，结构减重和结构承载与功能一体化是飞机机体结构材料发展的重要方向。镁合金由于低密度、高比强度使其很早就在航空工业上得到应用，但是易腐蚀性又在一定程度上限制了其应用范围。航空材料减重带来的经济效益和性能的改善十分显著，商用飞机与汽车减重相同质量带来的燃油费用节省，前者是后者的近100倍。而战斗机的燃油费用节省又是商用飞机的10倍。更重要的是其机动性能改善可以极大提高其战斗力和生存能力。如用ZM2镁合金制造WP7各型发动机的前支撑壳体和壳体盖，用ZM3镁合金制造J6飞机的WP6发动机的前舱铸件和WP11的离心机匣，用ZM4镁合金制造飞机液压恒速装置壳体，用ZM5镁合金制造了红旗Ⅱ型地空导弹的四甲和四乙舱体铸件、战机座舱骨架和镁合金机舱，ZM6镁合金已扩大用于直升机WZ6发动机后减速机匣、歼击机翼肋等重要零件，研制的稀土超强镁合金MB25、MB26已代替部分中强铝合金，在歼击机上获得了应用。

3.6.3 镁合金在家用电器中的应用

为了适应电子器件轻、薄、小型化的发展方向，要求作为电子器件壳体的材料具有密度小、强度和刚度高、抗冲击和减振性能好、电磁屏蔽能力强、散热性能好、容易成形加工、易于回收和符合环保要求等特点。传统的塑料和铝材已逐渐难于满足使用要求，而镁及其合金是制造电子器件壳体的理想材料。近十年来，世界上电子发达国家，尤其是日本和欧美一些国家在镁合金产品的开发方面开展了大量的工作，在一大批重要电子产品上使用了镁合金，取得了理想的效果。

1998年，日本厂商开始在各种便携式商品上（如PDA、数码相机、数码摄像机、手机等）采用镁合金。SONY公司的一款MP3播放器，其外壳全部是用镁合金材料，是当时世界上最轻、最薄、最小的播放器。1997年日本松下公司上市的采用镁合金外壳的便携式电脑十分畅销。1998年以后，日本、中国台湾所有的笔记本电脑厂商均推出了以镁合金作外壳的机型，目前尺寸在38cm以下的几种机型已全部使用镁合金作外壳。中国的联想、华硕等笔记本电脑从1999年开始也部分采用了镁合金外壳。

4 钛 合 金

钛从实现工业生产至今才 50 多年，由于具有密度小、比强度高、耐腐蚀等一系列优异的特性，发展非常快，短时间内已显示出了它强大的生命力，成为航空航天工业、能源工业、海上运输业、化学工业以及医疗保健等领域不可缺少的材料。

本章重点介绍钛合金的合金化原理、钛合金的分类和钛合金的应用与发展。

4.1 钛合金的合金化原理

4.1.1 钛的基本性质与合金化

钛主要有下列一些基本性质：

（1）钛存在两种同素异构转变。α-Ti 在 882℃ 以下稳定，具有密排六方结构。β-Ti 在 882℃ 以上稳定，具有体心立方结构。

（2）比强度高。钛的密度小（$4.51g/cm^3$），比强度高，且这种比强度可以保持到 550~600℃。与高强合金相比，相同强度水平可减小 40%（质量）以上，因此在宇航上应用潜力大。

（3）耐蚀性好。钛与氧、氮能形成化学稳定性极高的氧化物、氮化物保护膜。因此，钛在低温和高温气体中有极高的耐蚀性。此外，钛在海水中的耐蚀性比铝合金、不锈钢和镍基合金都好。但在还原性介质中差一些，可通过合金化改善。

（4）低温性能好。在液氮温度下仍有良好的力学性能，强度高，且塑性和韧性也好。

（5）热导率低。钛热导率为铁的 1/4.5，所以使用时易产生温度梯度及热应力。但钛的线膨胀系数较低可以补偿因热导率低带来的热应力问题。此外，钛的弹性模量较低，约为铁的 54%。

钛合金合金化的主要目的是利用合金元素对 α 或 β 相的稳定作用，来控制 α 或 β 相的组成和性能。各种合金元素的稳定作用又与元素的电子浓度有密切关系，一般来说，电子浓度小于 4 的元素能稳定 α 相，电子浓度大于 4 的元素能稳定 β 相，电子浓度等于 4 的元素，既能稳定 α 相，也能稳定 β 相。

工业用钛合金的主要合金元素有 Al、Sn、Zr、V、Mo、Mn、Fe、Cr、Cu 和 Si 等，按其对转变温度的影响和在 α 或 β 相中的固溶度可以分为三大类。能提高相变点，在 α 相中大量溶解和扩大 α 相区的元素称为 α 稳定元素，如 Al；能降低相变温度，在 β 相中大量溶解和扩大 β 相区的元素称为 β 稳定元素，如 Mo；对转变温度影响小，在 α 和 β 相中均能大量溶解或完全互溶的元素称为中性元素。

按各种合金元素与钛形成的二元相图，可归纳为四种类型，如图 4-1 所示。

（1）钛与合金元素在固态发生包析反应，形成一种或几种金属化合物，如图 4-1（a）

所示。形成这类二元系的有 Ti-Al、Ti-Sn、Ti-Ga、Ti-B、Ti-C、Ti-N、Ti-O 等，其中前三种合金的 α 固溶体区较宽，它们对研制热强钛合金有重要意义。

（2）钛与合金元素形成的 β 相是连续固溶体，α 相是有限固溶体，如图 4-1（b）所示。这种二元系有 4 种：Ti-V、Ti-Nb、Ti-Ta、Ti-Mo。由于 V、Nb、Ta 和 Mo 是体心立方晶格，所以只能与具有相同晶型的 β-Ti 形成连续固溶体，而与具有密排六方结构的 α-Ti 形成有限固溶体。这类元素也是 β 稳定元素，能降低相变温度，缩小 α 相区，扩大 β 相区。这种元素含量越多，钛合金的 β 相越多，也越稳定。当含量达某一临界值时，快冷可以使 β 相全部保留到室温，变成全 β 型合金。这一浓度称为"临界浓度"，它的高低反映了元素对 β 相的稳定能力。临界浓度越小，稳定 β 相的能力越大。

（3）钛与合金元素发生共析反应，形成某些化合物，如图 4-1（c）所示。能形成这类二元系的合金较多，如 Ti-Cr、Ti-Mn、Ti-Fe、Ti-Co、Ti-Ni、Ti-Cu、Ti-Si、Ti-Bi、Ti-W 等。根据 β 相共析转变的快慢或难易，这类元素还可分成活性的和非活性的共析型 β 稳定元素两种。Cu、Si、H 等非过渡族元素是活性 β 稳定元素，共析分解速度快，在一般冷却条件下，在室温得不到 β 相，但能赋予合金时效硬化能力。与此相反，Fe、Mn、Cr 等过渡族元素是非活性元素，共析转变速度极慢，在通常的冷却条件下，β 相来不及分解，在室温只能得到与图 4-1（b）相同的 α+β 组织。

（4）钛与合金元素形成的 α 和 β 相都是连续固溶体，如图 4-1（d）所示。这种二元系只有两种即 Ti-Zr 和 Ti-Hf。钛和锆、铪是同族元素，具有相似的外层电子构造，相同的点阵类型，相近的原子半径。Zr 能强化 α 相，在工业合金中已得到广泛的应用，但 Hf 的密度高，而且稀少，还未得到实际应用。

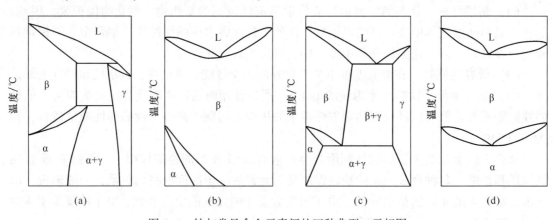

图 4-1　钛与常见合金元素间的四种典型二元相图

综上所述，钛的合金化就是以合金元素的上述作用规律为指导原则，根据实际需要，合理地控制元素的种类和加入量，以得到预期的组织、性能和工艺特性。

4.1.2　钛合金的相变特点

纯钛 β→α 转变是体心立方晶体向密排六方晶体的转变。但钛合金因合金系、成分以及热处理条件不同，还会出现一系列复杂的相变过程。这些相变可归纳为两大类：

（1）淬火相变，即 β→α′、α″、ω_q、$β_r$；

（2）回火相变，即（α′、α″、$β_r$）→（β+ω_a+α）。

4.1.2.1 马氏体转变

β 稳定型钛合金自 β 相区淬火，会发生无扩散的马氏体转变，生成过饱和 α′固溶体。如果合金的浓度高，马氏体转变点 M_s 降低到室温以下，β 相将被冻结到室温。这种 β 相称为"残留 β 相"或"过冷 β 相"，用 $β_r$ 表示。值得说明的是，当合金的 β 相稳定元素含量少，转变阻力小，β 相可由体心立方晶格直接转变为密排六方晶格，这种马氏体称为"六方马氏体"，用 α′表示。如果 β 稳定元素含量高，转变阻力大，不能直接转变成六方晶格，只能转变为斜方晶格，这种马氏体称为"斜方马氏体"，用 α″表示。

钛-钼系二元合金的马氏体相变过程如图 4-2 所示。由图 4-2 可知，马氏体转变温度 M_s 是随合金元素含量的增加而降低，当合金浓度增加到临界浓度 C_k 时，M_s 点即降低到室温，β 相即不再发生马氏体转变。同样，成分已定的合金，随着淬火温度的降低，β 相的浓度将沿 β/(β+α) 转变曲线升高，当淬火温度降低到一定温度，β 相的浓度升高到 C_k 时，淬火到室温 β 相也不发生马氏体转变，这一温度称为"临界淬火温度"。

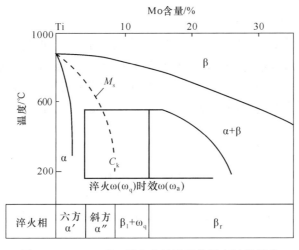

图 4-2 Ti-Mo 系二元合金的马氏体相变过程示意

马氏体的形态与合金的浓度和 M_s 点高低有关。六方马氏体有两种形态，合金元素含量低且马氏体转变温度高时，形成板条状马氏体，马氏体中有大量的位错，但基本没有孪晶。反之，合金元素含量高，M_s 点降低，形成针状或锯齿形马氏体。马氏体中除了有高的位错密度和层错外，还有大量的孪晶，是孪晶马氏体。对于斜方马氏体 α″，由于合金元素含量更高，M_s 点更低，马氏体针更细，可以看到更密集的孪晶。

但应指出，钛合金的马氏体是置换型过饱和固溶体，与钢的同隙式马氏体不同，强度和硬度只比 α 相略高些，强化作用不明显。当出现斜方马氏体时，强度和硬度特别是屈服强度反而略有降低。

钛合金的浓度超过临界浓度 C_k（见图 4-2），但又不太多时，淬火后会形成亚稳定的过冷相。这种不稳定的 β 相，在应力或应变作用下能转变为马氏体。这种马氏体称"应力感生马氏体"，其屈服强度很低，但有高的应变硬化率和塑性，有利于均匀拉伸成形操作。

4.1.2.2　ω 相的形成

β 稳定型钛合金的成分位于临界浓度 C_k 附近时（见图 4-2），淬火时除了形成 α′ 或 $β_r$ 相外，还能形成淬火 ω 相，用 $ω_q$ 表示。$ω_q$ 是六方晶格，与 β 相共生，并有共格关系。ω 相的形状与合金元素的原子半径有关，原子半径与钛相差较小的合金，ω 相是椭球形，半径相差较大时为立方体形。

β 相浓度远远超过临界浓度 C_k 的合金，淬火时不出现 ω 相。但在 200~500℃ 回火，β 相可以转变为新相。这种 ω 相称为回火 ω 相或时效 ω 相，用 $ω_a$ 表示。$ω_a$ 相的形核是无扩散过程，但长大要靠原子扩散，是 β→α 转变的过渡相。在 500℃ 以下回火形成的 $ω_a$ 相，是由于不稳定的过冷 $β_r$ 相在回火过程中发生了溶质原子偏聚，形成溶质原子富集区和贫化区，当贫化区的浓度接近 C_k 时就转变为 $ω_a$ 相。

ω 相硬而脆，虽能显著提高强度、硬度和弹性模量，但塑性急剧降低。当 ω 相的含量超过 80%（体积分数），合金即完全失去了塑性；如果体积分数控制在 50% 左右，合金会有较好的强度和塑性的配合。ω 相是钛合金的有害组织，在淬火和回火时都要避开它的形成区间。加 Al 能抑制 ω 相的形成，大多数工业用钛合金都含有 Al，故回火 $ω_a$ 相一般很少出现或体积分数很小。

4.1.2.3　亚稳定相的分解

钛合金淬火形成的 α′、α″、ω、$β_r$ 相都是不稳定的，回火时即发生分解。各种相的分解过程很复杂，但分解的最终产物都是平衡的 α+β 相。如果合金是 β 共析型的，分解的最终产物将是 α+Ti_xM_y 化合物。这种共析分解在一定条件下可以得到弥散的 α+β 相，有弥散硬化作用，是钛合金时效硬化的主要原因。各种亚稳定相的分解过程如下。

A　过冷 $β_r$ 相分解

过冷 $β_r$ 相分解有两种分解方式：

$$β_r→α+β_x→α+β_e$$
$$β_r→ω_a+β_x→ω_a+α+β_x→α+β_e$$

其中，$ω_a$ 为回火 ω 相；$β_x$ 为浓度比 $β_r$ 高的 β 相；$β_e$ 为平衡浓度的 β 相。

B　马氏体分解

钛合金的马氏体（α′、α″）在 300~400℃ 即能发生快速分解，但在 400~500℃ 回火时可获得弥散度高的 α+β 相混合物，使合金弥散强化。研究表明，马氏体要经过许多中间阶段才能分解为平衡的 α+β 或 α+Ti_xM_y 组织。

C　ω 相的分解

ω 相实际上是 β 稳定元素在 α 相中的过饱和固溶体，回火分解过程也很复杂，与 α″ 相的分解过程基本一样，但分解过程随 ω 相本身的成分、合金元素的性质和热处理条件等而不同。

4.1.3　钛合金的分类

Ti 合金按退火组织可以分为 α、β 和 α+β 型三大类。其中 TA 代表 α 钛合金；TB 代表 β 钛合金；TC 代表 α+β 钛合金，三类合金符号后面的数字表示顺序号。工业纯钛在冶金标准中也划归为 α 钛合金，如 TA1~TA3。国产钛合金牌号，总共有 20 余种。常用加工钛合金的牌号及主要化学成分见表 4-1。

表 4-1　常用加工钛合金的牌号及主要化学成分

合金类型	牌号	主要化学成分（质量分数）/%		
		Al	其他元素	Ti
α 型	TA4	2.0~3.3	—	余量
	TA5	3.3~4.7	—	余量
	TA6	4.0~5.5	—	余量
	TA7	4.0~6.0	Sn：2.0~3.0	余量
	TA7 ELI	4.50~5.75	Sn：2.0~3.0，"EUI"表示超低间隙	余量
β 型	TB2	2.5~3.5	Mo：4.7~5.7，V：4.7~5.7，Cr：7.8~8.5	余量
α+β 型	TC1	1.0~2.5	Mn：0.7~2.0	余量
	TC2	3.5~5.0	Mn：0.8~2.0	余量
	TC3	4.5~6.0	V：3.5~4.5	余量
	TC4	5.5~6.8	V：3.5~4.5	余量
	TC6	5.5~7.0	Mo：2.0~3.0，Cr：7.5~8.5，Fe：0.2~0.7，S：0.15~0.40	余量
	TC9	5.5~6.8	Sn：1.8~2.8，Mo：2.8~3.8，Si：0.2~0.4	余量
	TC10	5.5~6.5	Sn：1.5~2.5，V：5.5~6.5，Fe：0.35~1.0，Cu：0.35~1.0	余量

　　三大类钛合金各有其特点。α 钛合金高温性能好，组织稳定，焊接性能好，是耐热钛合金的主要组成部分，但常温强度低，塑性不够高。α+β 钛合金可以热处理强化，常温强度高，中等温度的耐热性也不错，但组织不够稳定，焊接性能差。β 钛合金的塑性加工性能好，合金浓度适当时，通过热处理可获得高的常温力学性能，是发展高强度钛合金的基础，但组织性能不够稳定，冶炼工艺复杂。当前应用最多的是 α+β 钛合金，其次是 α 钛合金，β 钛合金应用较少。

4.2　α 钛 合 金

　　α 钛合金的主要合金元素是 α 稳定元素铝和中性元素锡，主要起固溶强化作用。据估计，每加入 1% 的合金元素，合金强度可提高 35~70MPa。合金的杂质是 O 和 N，虽有间隙强化作用，但对塑性不利，应予限制。有的 α 钛合金还加入少量其他元素，故 α 钛合金还可以细分为全由 α 相组成的 α 钛合金、加入 2% 以下的 β 稳定元素的"近 α 钛合金"和时效硬化型 α 钛合金（如钛-铜合金）三种。

　　α 钛合金牌号及主要化学成分见表 4-1。TA4~TA6 是 Ti-Al 系二元合金，如图 4-3 所示。Al 在 α 相中固溶度很大，但 Al 含量大于 6%（质量分数，下同）后，会出现与 α 相共格的有序相 $\alpha_2(Ti_3Al)$。α_2 相是六方晶格，存在范围很宽，Al 含量在 6%~25% 之间都存在。Al 含量大于 25% 后，则出现 γ 相（TiAl）。α_2 是硬而脆的中间相，对合金的塑性和韧度极为不利。

　　钛-铝系合金的强度随铝含量的增加而升高。但 Al 含量大于 6% 后，由于出现 α_2 相而

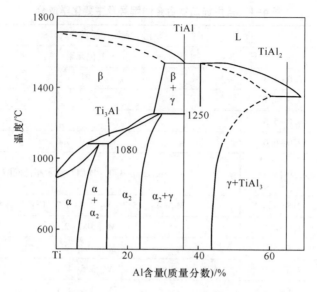

图 4-3　Ti-Al 二元合金相图钛端

变脆，甚至会使热加工发生困难。因此，一般工业用钛合金的 Al 含量很少超过 6%。钛合金中加入微量 Ga 能改善 α_2 的塑性。铝在 500℃ 以下能显著提高合金的耐热性，故工业用钛合金大多数都加入一定量的铝。但工作温度大于 500℃ 后，钛铝合金的耐热性显著降低，故 α 钛合金的使用温度不能超过 500℃。

钛-铝合金中加入少量中性元素锡，在不降低塑性的条件下，可进一步提高合金的高温、低温强度。TA4 就是加入少量锡的钛合金。由于锡在 α 相和 β 相中都有较高的溶解度（见图 4-4），能进一步固溶强化 α 相。只有当 Sn 含量大于 18.5% 时才能出现 Ti_3Sn 化合物，所以添加 2.5%Sn 的 TA7 合金仍是单相 α 钛合金。

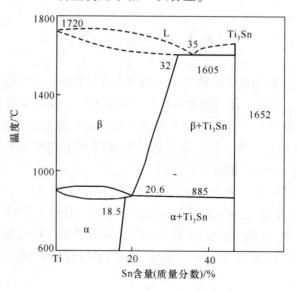

图 4-4　Ti-Sn 二元合金相图钛端

α 钛合金的特点是不能热处理强化，通常是在退火或热轧状态下使用。如 TA7 是中国应用最多的一种 α 钛合金。TA7 合金作为单相合金，虽然有高的热稳定性和较好的抗蠕变性能，但这种合金通常要求在 α/β 相转变温度以下塑性加工，以防止晶粒过分长大，而且六方晶体结构的塑性变形能力低和应变硬化率高，变形率受到很大的限制。因此，TA7 合金在国外有逐渐被成型性能（在淬火状态）更高的时效硬化型钛铜合金所代替的趋势。但 TA7 合金还有另一极有前途的用途，就是制造超低温用的容器，目前已发展了一种间隙式夹杂（O、N、C、H）极低的 ELI 合金（化学成分见表 4-1），以提高低温强度和韧度，用来储存液态氢（-253℃）。这种合金的比强度在超低温下约为铝合金和不锈钢的两倍，故钛合金压力容器已成为许多空间飞行器储存燃料的标准材料。

α 钛合金的组织与塑性加工及退火条件有关。在 α 相区塑性加工和退火，可以得到细等轴晶粒。如自 β 相区缓冷，α 相则转变为片状魏氏组织；自 β 相区淬火可以形成针状六方马氏体 α'。α 钛合金经热轧后的组织为等轴状 α 组织。由于合金的铝含量较高（5.0%），沿晶界出现了少量的 β 相。

4.3   α+β 钛合金

4.3.1   α+β 钛合金合金化特点

α+β 钛合金是目前最重要的一类钛合金，一般含有 4%~6% 的 β 稳定元素，从而使 α 和 β 两个相都有较多数量。而且抑制 β 相在冷却时的转变，只在随后的时效时析出，产生强化。它可以在退火态或淬火时效态使用，可以在 α+β 相区或在 β 相区进行热加工，所以其组织和性能有较大的调整余地。

α+β 钛合金既加入 α 稳定元素，又加入 β 稳定元素，使 α 和 β 相同时得到强化。为了改善合金的成型性和热处理强化的能力，必须获得足够数量的 β 相。因此，α+β 钛合金的性能主要由 β 相稳定元素来决定。

α+β 钛合金的 α 相稳定元素主要是铝。铝几乎是这类合金不可缺少的元素，但加入量应控制在 6%~7%，以免出现有序反应，生成 α₂ 相，损害合金的韧性。为了进一步强化 α 相，只有补加少量的中性元素锡和锆。

β 稳定元素的选择较复杂。尽管非活性的共析型 β 稳定元素 Fe 和 Cr 有较高的稳定 β 相的能力，但加入 Fe 和 Cr 的合金在共析温度（450~600℃）长时间加热，共析化合物 $TiCr_2$ 或 TiFe 能沿晶界沉淀，降低合金的韧度，甚至降低强度。因此，α+β 钛合金只能用稳定能力较低的 β 固溶体型元素 Mo 和 V 等作为主要 β 稳定元素，再适当配合少量非活性共析型元素 Mn 和 Cr 或微量活性共析型元素 Si。

α+β 钛合金成型性的改善和强度的提高，是靠牺牲焊接性能和抗蠕变性能来达到的。因此，这种合金的工作温度不能超过 400℃，某些特殊的耐热 α+β 合金除外。为了尽量保持合金有较好的耐热性，绝大多数 α+β 钛合金都是以 α 相稳定元素为主，保证有稳定的 α 相基体组织。加入的 β 相稳定元素不能过多，能保证形成 8%~10% 的 β 相就已足够。

α+β 钛合金的力学性能变化范围较宽，可以适应各种用途，约占航空工业使用的钛合金 70% 以上。合金的品种和牌号也比较多，其牌号有十多种（见表 4-1），它们分别属于下列几个合金系：

（1）Ti-Al-Mn 系，如 TC1 和 TC2；

（2）Ti-Al-V 系，如 TC3、TC4 和 TC10；

（3）Ti-Al-Cr 系，如 TC6；

（4）Ti-Al-Mo 系，如 TC9。

目前国内外应用最广泛的 α+β 钛合金是 Ti-Al-V 系的 Ti-6Al-4V，即 TC4 合金。

4.3.2　Ti-Al-V 系合金（TC3、TC4、TC10）

TC3、TC4 和 TC10 均含 5%~6%（质量分数，下同）Al，再加入 β 相稳定元素 V、Fe 和 Cu，主要作用是形成 β 相和提高耐热性。V 与 Ti 形成典型的 β 固溶体型合金，它不仅在 β 相中能完全固溶，在 α 相中也有较大的溶解度。Ti-Al 合金中加入 V 不仅能改善合金的成型性能，提高强度，而且合金在热处理强化的同时，还能保持良好的塑性。此外，Ti-Al-V 系合金没有硬脆化合物的沉淀问题，组织在较宽的温度范围内都很稳定，所以应用最广，尤其是 TC4 合金。

TC3 和 TC4 实际上是一种合金（见表 4-1），前者含 4.5%~6.0%Al，后者加入 5.5%~6.8%Al。TC3 合金的平均铝含量低些，强度较低，但塑性和成型性能较好，可以生产板材。TC4 合金塑性低些，主要生产锻件。此外，TC4 合金的冲压性能较差，热塑性良好，可用各种方法焊接，焊缝强度可达基体的 90%，耐蚀性和热稳定性也较好。可生产在 400℃长期工作的零件，如压气机盘、叶片和飞机结构件等。

TC10 是在 TC4 基础上发展起来的合金，为了进一步提高其强度和耐热性，把 V 含量提高到 6%，同时还加入 2%Sn 和少量 β 稳定元素 Fe 和 Cu，以强化基体。加入的 β 相稳定元素均在固溶度范围以内，所以合金仍保持足够的塑性和热稳定性。但因 TC10 合金的 β 相稳定元素含量高，所以淬透性和耐热性也比 TC4 合金高。TC10 合金的冲压性能、热塑性、可焊性和接头强度与 TC4 相同，还具有高的耐蚀性和较好的热稳定性，用于制造在 450℃长期工作的零件。

Ti-Al-V 系的三种 α+β 合金显微组织基本相同，但受塑性加工和热处理条件的影响。它们的显微组织较为复杂，概括来讲主要是：在 β 相区锻造或加热后缓冷得到魏氏组织（见图 4-5）；在 α+β 两相区锻造或退火得到等轴晶粒的两相组织（见图 4-6）；在 α+β 相区淬火可得到马氏体组织。

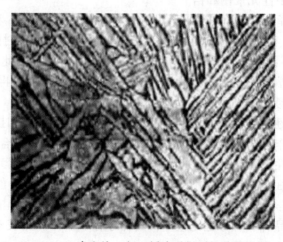

图 4-5　Ti-6Al-4V 合金从 β 相区缓冷后得到的魏氏组织（500×）

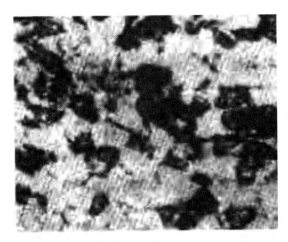

图 4-6　Ti-6Al-4V 合金退火得到的 α+β 等轴晶粒（200×）

Ti-Al-V 系合金可以强化热处理，自 α+β 区淬火和时效，强度可提高 20%~25%。但塑性要降低。因此，TC3 和 TC4 合金多在退火状态下使用。在 750~800℃ 保温 1~2h 空冷，得到等轴的 α+β 组织，其综合性能最好。但很少采用强化热处理。TC10 合金与 TC4 一样，也多以退火状态使用，退火温度 780~800℃，保温 2h 空冷。

4.3.3　其他 α+β 钛合金

TC1 和 TC2 的合金化程度较低，强度不高，但塑性好，适于焊接，多用来代替纯钛。加 Al 是为了提高 α 相的强度，但为了保证工艺塑性，Al 量不能过多。Mn 是非活性的共析型 β 稳定元素。Mn 有利于热塑性，但过多对焊接性能不利，故 Ti-Al 合金中加入的 Mn 不多，为 0.8%~2.0%。由于 β 相很少，所以 TC1 和 TC2 合金实际上是近 α 钛合金。它们不能进行热处理强化，多在退火态下使用。其塑性接近于纯钛，强度比纯钛高。

TC1 和 TC2 合金室温强度高，可切削加工，具有较好的锻造、冲压及焊接性能，在 150~400℃ 以下具有较好的耐热性能，并具有良好的低温韧性和良好的耐海水应力腐蚀及耐热盐应力腐蚀能力。适合于制作 400℃ 以下工作的冲压件、焊接件以及模锻件和弯曲加工的各种零件。此外，它们还可用作低温结构材料。

Ti-Al-Cr 系和 Ti-Al-Mo 系 α+β 钛合金牌号分别有 TC6 和 TC9，它们的主要化学成分见表 4-1。Mo 也是 β 相稳定元素，Mo 的扩散系数在 β 稳定元素中最低，能降低溶质原子的扩散速度，这有利于耐热性的提高。在 Ti-Al 合金中添加 Cr 的目的在于保持钛合金良好的耐腐蚀性和改善其抗氧化性能。但 Cr 是共析型 β 相稳定元素，在 350~500℃ 长期工作，会发生共析反应和生成 $TiCr_2$ 化合物而降低合金的塑性，即热稳定性低。

TC6 和 TC9 这两种合金无论是合金化特点，还是组织变化规律，均与 Ti-6Al-4V 合金（TC4）基本相同。它们都在退火状态下使用，当然也可以淬火和时效，强度可提高 25%，但塑性要受到损失。TC6 可在 450℃ 以下使用，主要用作飞机发动机结构材料。TC9 可制作 500℃ 以下长期工作的零件，主要用在飞机喷气发动机的压气机盘和叶片上。

4.4 β 钛合金

β 钛合金是发展高强度钛合金潜力最大的合金。空冷或水冷在室温能得到全由 β 相组成的组织，通过时效处理可以大幅度提高强度。β 钛合金另一特点是在淬火状态下能够冷成形，然后进行时效处理。由于 β 相的浓度高，M_s 点低于室温，淬透性高，大型工件也能完全淬透。缺点是 β 稳定元素浓度高，密度提高，易于偏析，性能波动大。另外，β 相稳定元素多是稀有金属，价格昂贵，组织性能也不稳定，工作温度不能高于 200℃，故这种合金的应用还受到许多限制。目前应用的加工 β 钛合金仅有 TB2，其主要化学成分见表 4-1。

β 钛合金的合金化主要特点是加入了大量 β 稳定元素。如果单独加入 Mo 或 V，加入量必须很高，钼含量必须大于 12%，钒含量必须大于 20%，才能得到稳定的 β 相组织。另外，这些元素都是难熔金属元素，尤其是 Mo，熔炼时极易偏析，常出现钼的夹杂物影响性能。V 也比较贵。因此，大多数 β 钛合金全部是同时加入与 β 相具有相同晶体结构的稳定元素和非活性共析型 β 相稳定元素。TB2 合金就是同时加入了 β 相稳定元素 Mo 和 V 以及共析型 β 相稳定元素 Cr。

β 钛合金加入 Al，一方面是为了提高耐热性，但更主要的是保证热处理后得到高的强度。因为 Al 是 α 相稳定元素，主要溶解在 α 相中，而 β 钛合金的时效硬化正是靠 β 相析出 α 相弥散质点。因此，提高 α 相的浓度，也就是提高合金的强化效应。

β 钛合金的 β 相可以残留到室温，但却是不稳定的 β 相，随后时效析出 α 第二相强化。因此，这类合金主要是时效硬化，在制备过程中可以有良好的工艺性和成型性能，以后经热处理又可以得到很高的强度，其强度可优于 α+β 钛合金，同时其韧性也优于 α+β 钛合金。但如果控制不当，β 钛合金可产生严重脆性。

尽管 β 钛合金可以得到很高的强度（拉伸强度可达 2000MPa），但受到断裂韧性的限制，所以，要提高其强度，先要解决韧性问题。这就要求析出的 α 颗粒均匀细小。但是 α 相倾向于优先在 β 相晶界析出，细化 β 相晶粒可以推迟晶界 α 相优先析出，低温时效可以促进均匀析出并推迟 α 相长大，二次时效处理也可以得到更加均匀分布的 α 相析出。最有效的方法是控制位错结构，以促进 α 粒子在位错处均匀析出。有三种不同的方法可得到合适的位错结构，促进 α 相均匀细小析出。一是固溶处理前冷加工，二是冷加工回复处理，三是温加工。一般来说，温加工较易得到合适的位错结构。

TB2 除了有较高的强度外，还具有良好的焊接性能和压力加工性能。但性能不够稳定，熔炼工艺复杂，所以应用不如 α 钛合金和 α+β 钛合金。它适合于制作在 350℃ 以下工作的零件，主要用于制造各种整体热处理（固溶、时效）的板材冲压件和焊接件，如空气压缩机叶片、轮盘、轴类等重载荷旋转件以及飞机的构件等。

4.5 钛及钛合金的发展与应用

4.5.1 钛合金生产工艺的改善

要提高质量，首先要提高钛的纯净度，这取决于两方面的因素，一方面要改善工艺，另一方面要改善无损探伤技术。通常钛合金的熔炼采用自耗炉冶炼。这种熔炼方法的主要问题是合金锭的均匀性（产生宏观偏析和微观偏析）和夹杂物（低密度夹杂，即原材料含 N、O 和 C 太高，形成极稳定的硬 α 夹杂；高密度夹杂，即原材料中混入的难熔金属如 W、V 等及其化合物）。20 世纪 90 年代以前，工业生产的钛缺陷率大，现已有所降低，主要是由于电子束重熔技术（EBCHM）的发展。这种方法不仅有利于解决偏析及制备不同截面的锭子，并且对去除高密度缺陷很有效。此外，还可用三次真空冶炼方法来改善工艺。目前由于探伤技术的发展使探伤能力提高了 50%。

只有像生产钢一样的大规模生产装备，才能降低钛合金生产成本。有人设想把 EBCHM 熔炼和连续铸锭法结合起来大规模生产纯钛合金。轧制钛复合钢板是一种降低成本的新工艺，先轧制复合一层便宜的钛层垫底，再轧上一层 1~1.4mm 厚的高级耐蚀钛合金层，就可得到耐蚀性极优的复合钢板，成本降低 15%~45%。此外，用永久铸模代替精密铸生产铸件，可降低成本 40%~50%。

4.5.2 钛及钛合金的新发展和新应用

4.5.2.1 在宇航工业上的应用

Ti-6Al-4V（TC4）合金是宇航工业应用的最主要的老牌钛合金，大量用作轨道宇宙飞船的压力容器、后部升降舵的夹具、外部容器夹具及密封翼片等。但近来 Ti-10-2-3 合金、Ti-6-22-22.5 合金、Ti-6Al-2Sn-2Zr-2Cr-2Mo-0.15Si 合金和 Alloy C 合金也在宇航工业得到了应用。Alloy C 是一个新型高温钛合金，使用温度高达 650℃，比英国帝国金属工业公司开发的 IMI829 合金使用温度高出近 90℃（IMI829 合金最高使用温度 566℃）。Alloy C 的特性是抗燃烧阻力大和高温强度大，用于制造 F-119 发动机的排气管。

4.5.2.2 在船舶工业上的应用

当前，钛合金已扩大应用到船舶工业。美国最先将钛合金成功应用到深海潜水调查船的耐压壳体上。在高性能的深海潜水调查船上，特别需要比强度高的结构材料。用钛合金的目的就是在小幅度增加质量的情况下，增加潜水深度。目前用于深海的钛合金主要是近 α 钛合金 Ti-6Al-2Nb-1Ta-0.8Mo 和 α+β 钛合金 Ti-6Al-4V（TC4）。为了提高在海水中的耐蚀能力可用 Ti-6Al-4VELI 制作深海潜水调查船的耐压壳体以及深海救援艇的外壳结构增强环。

4.5.2.3 在民品工业上的应用

近几年，钛合金的应用市场明显扩大到民用消费品。首先用 Ti-6Al-4V 制作电磁烹调器具。钛是没有磁性的，但其电阻率高，质量小，低热容和高耐蚀性是很吸引人的，特别是可以用超塑性加工做精确形状的烹调用具。

20 世纪 70 年代开始，钛制网球球拍就在市场上出售。它兼备了打球的控制力与弹力两方面的性能。与铝合金球拍相比，钛制球拍在任何方向的回弹力都大，具有很宽的击球面，此外还有很好的耐撞击性能和耐疲劳性能。钛合金在运动器具上的另一个成功例子就是用作高尔夫球头，日本采用 Ti-6Al-4V 合金、Ti-15V-3Cr-3Sn-3Al β 钛合金和其他钛合金，可以是锻件或铸件。Ti-15V-3Cr-3Sn-3Al 是日本应用最多的高尔夫球头合金。在美国主要是用 Ti-6Al-4V 合金制作高尔夫球头，市场需求很大，且每年以 20%~25% 速率增长。

要扩大钛合金在民品工业中的应用，首要任务是降低成本，因此发展了一些低成本合金。表 4-2 列出了一些低成本钛合金。此外，可用钛合金回收碎屑和采用 Fe-Mo 中间合金降低成本，性能也能满足要求。

表 4-2　低成本钛合金

合金	相对成本	δ_s/MPa	特性	应用
Ti-6Al-4V	1	825	对比合金	
Ti-5Al-2Fe	0.82	825	低成本合金元素	汽车工业
Ti-6Al-4V-0.250	0.85	900	用低成本碎屑	弹道装甲
Ti-4.5Fe-6.8Mo-1.5Al	0.78	1100	用 Fe-Mo 中间合金	弹簧、扭转

日本近期又发展了一些新型钛合金。一类合金是可以冷变形的合金，如 Ti-22V-4Al、Ti-20V-4Al-1Sn、Ti-16V-4Sn-3Nb-3Al 等 β 钛合金。β 钛合金一般具有良好的冷变形性，形变强化较好。此外，还发展了一类 α 钛合金 Ti-10Zr（氧含量小于 0.1%），此合金也具有良好的冷变形性，经冷加工后的强度、硬度较高。这些合金的使用目标是民用汽车、眼镜架、钟表和高尔夫球头等。

4.5.2.4　在汽车工业上的应用

在 20 世纪 70 年代，钛合金就开始应用在汽车领域，但考虑到成本问题，广泛应用的仅是在赛车和运动汽车上。目前在民用汽车上使用很少，且一般仅用低成本钛合金。钛合金制作的进气阀及排气阀在 20 年前就已实现了市场化。在进气阀上使用钛合金时，需要进行轴的耐烧结和轴端耐磨损表面处理（如镀铬、喷涂钼），装有这种进气阀的日产汽车 R382，在当时日本最高奖比赛中获胜。以前采用的钢制阀质量为 90g，而钛合金阀为 55g，减轻了 35g，因此高速性能提高了 10%~15%。美国生产的钛合金进气阀用的是耐热钛合金 Ti-6Al-2Sn-4Zr-2Mo，排气阀用的是 Ti-6Al-4V。一个阀能减轻质量约 50g，与钢制阀相比，高速性能好，而且寿命延长 2~3 倍，可靠性高。在赛车和运动汽车上，最广泛使用的钛合金零件是阀座，一般用 Ti-6Al-4V 合金制作，但日本常用 Ti-5Al-2Cr-1Fe 制作阀座。由于形状简单和小巧，很适合机械加工，成本也较便宜。并且不一定要进行特殊的表面处理，和钢制的阀座比较，能减轻 10~20g。在减轻汽车发动机的运动质量上，用钛合金制造的连接杆是最有效的，很早就有使用，但由于成本高，没有像阀及阀座那样更多使用。用 Ti-5Al-2Cr-1Fe 合金制作连接杆需要进行时效处理。

4.5.2.5　在化学工业中的应用

钛合金在化学工业中的应用涉及所有种类的机器。当作为压力容器时，各种机器的名称是多种多样的。但作为容器形态有反应器、热交换器、塔、分离器、吸收塔、冷却器、浓缩器等。还有构成连接这些机器配管的管道、接头、阀类及垫圈等。

由于钛合金对一般的氧化性环境有优良的耐蚀性，为了改善对非氧化性环境的耐蚀性，研制了 Ti-0.2Pd 合金以及 Ti-15Mo-5Zr 合金等。尤其是 Ti-0.2Pd 合金改善缝隙部位的耐蚀性，取得了很大效果。在化学工业中使用的零件大多都是在高温高压及强烈的腐蚀环境中，因此，可以预料钛合金在其领域的应用将进一步扩大。

4.5.2.6　在医疗领域的应用

作为外科用的嵌入材料来说，钛被看作有前途的嵌入材料。钛的生物适应性是独特的。生物组织及体液对钛几乎没有什么影响。与大多数其他金属不同，钛不会引起炎症、过敏性、变态反应或组织排异反应等。即使与血液接触，也不使其凝固。在整形外科中，用钛材进行骨骼整补时，适应性极好，在钛材上细胞可以再生，骨骼可以生长。

    一般都用高纯钛作为软组织用嵌入材料，要求其有高的延展性及加工性能。深拉加工的心脏起搏器的套，要求有最高的成型性。人工骨通常使用 Ti-6Al-4V 或 Ti-6Al-4VELI 合金，而 Ti-3Al-8V-6Cr-4Mo-4Zr 具有热处理强化效果的高强度 β 钛合金可用作脊椎固定和矫正、齿列矫正等。目前，缝合用的主要产品是用纯钛线制造的，有时也用 β 钛合金丝。

第2篇 轻量化设计

5 轻量化的目标

在弹性力学、弹热力学与动力学应力载荷设计中所面临的一个主要挑战是要尽可能使得在所有横截面上允许的应力载荷变化不超出设计值。轻量化设计的任务也是如此，即在最小的构造质量下，达到最大限度的使用范围。这通常还受限于所采用的材料参数和允许的变形。在实践中，由于材料、制造或者构造之间的相互矛盾，常使得比较激进的轻量化解决方案无法得以实现。

在这个背景下，只有优化的轻量化是可以实现的。与"常规"设计相比较，很难在实现轻量化设计的同时还能够降低成本。经验表明，轻量化设计绝大多数在概念设计、材料使用、生产和试验阶段的花费非常高，因此，采用轻量化设计必须考虑到其较高的成本。如果一个工程设计任务尽管明知费用高昂也要走上轻量化设计之路，就应当充分考虑到设计的性价比，使得采用轻量化的好处能明显地弥补其不足。这一点在交通技术中相对来说问题不大，因为采用轻量化最终所得到的经济益处是显而易见的。举例来说，通过汽车减重可以达到：

（1）增加载荷或者提高速度。

（2）较低的自重可以达到较低的滚动阻力、加速阻力和爬坡阻力。

（3）总体上会实现较低的能耗。

一辆轿车减重 100kg，每百公里燃油消耗平均减少 0.5L，二氧化碳排放减少 12g/km。如果采用材料替代做到这一点，相当于大约采用 1kg 的铝替代 2kg 的钢，不过这须以优化设计为前提。

与轻量化相关的问题最初是在飞机制造中开始加以考虑并进行系统研究的。由于在航空领域中，费用通常并不是优先考虑的事项，因此，轻量化首先在航空研究中得到了极大的发展，除了在基础理论方面的广泛进展外，也包括在试验设计原理等方面的进展。

在这一领域里一个标志性的突破是充分利用蒙皮的承载能力，采用无支柱结构取代了桁架结构，以此为基础产生的实壁体和壳体原理从航空制造领域延伸到了机车、轮船、汽车车身制造领域中。

轻量化发展的另一个里程碑是焊接技术的应用。以前在铆接方式中产生的材料孪晶作用，现在可以通过相互的对接来加以避免。基于焊接产生的高强度以及由此创造出的新的设计潜能，可以实现全新的结构设计。在这一领域里的进展持续至今，最新的实例如大型客机舱体的激光焊接（如 A318，A380）以及现代轿车的车身制造。

近年来，越来越强大的电子数据处理技术和与之对应的计算方法使轻量化获得了新的发展动力。如今，可通过有限元方法与边界元方法对应力载荷与变形性能进行深入分析。为了达到更好的轻量化效果，还可以通过计算机来对绝大多数设计方案进行优化的可能性作出科学评估。除此之外，还可以通过计算机模拟技术来对轻量化结构中的疲劳强度、裂纹现象或结构可靠性进行科学研究。

材料科学的进步也推动了现代轻量化技术的不断发展，并由此诞生了全新的轻量化结构。通过采用金属与塑料的复合材料，高性能材料第一次得以应用，并可做到在极限刚度和最小质量下的高性能集成。未来，这一材料体系借助"主动件（磁放大器）"可适应任何一种类型的外来载荷，这将会在结构适应体系和自适应体系中开辟出全新的研究领域。不过，这些技术的发展与现代社会日益增长的对产品可回收要求与循环经济目标（欧盟旧车法规）是有冲突的，在此需要做出妥协。

以上罗列的趋势清晰地表明：（1）轻量化是跨学科的工程科学，由材料力学、计算技术、材料学和制造技术等领域的知识基础构成。为了实现轻量化设计，在掌握理论知识的同时，丰富的设计经验也是不可或缺的。（2）越来越高的要求促使轻量化工程师必须不断学习并适当运用所有新的技术和知识，采取有针对性的方法解决所面临的问题。

6 轻量化的结构问题

如前所述，轻量化本身不是目的。采用轻量化设计所产生的开销与获取的收益之间应当有一个合适的比例关系，以使所采取的轻量化措施是有价值的。也就是说，应当在经济观点下对所有付出的努力与采取的措施进行评估。为此首先建立一个质量成本模型，通过相关参数性来表示结构质量、制造成本与经济效益之间的关系。只有基于一个平衡的方程，才能实现最优化的轻量化解决方案。

6.1　降 低 自 重

轻量化的所有努力都在于将设计的自重降到适当的最低值，同时也必须考虑到所受的约束条件，即不能妨碍到其功能、安全性与耐用性。目前主要采用的轻量化方法有：

（1）采用先进的构造。

（2）应用更轻和强度更高的材料。

（3）先进的制造技术。

（4）通过高水平的分析方法（FEM，BEM）分析掌握应力载荷分布与失稳状态。

实现这些方法须采用特定的设计战略，简要分类如下：

（1）形状轻量化。通过轻量化驱动的设计原则、适当的型材几何形状与单一的力传递路径来实现。

（2）材料轻量化。采用性能参数尽可能高的、更轻的材料替代体积质量比较大的材料。

（3）制造轻量化。充分利用所有的技术潜能，实现最少的材料使用和最少的连接点下的功能集成（单一件）。

每一种战略背后都意味着完全独立的设计和技术上的创新，但是由于必须考虑到成本的因素，每一种战略通常被限制在很窄的范围内，大多数情况下，其上下浮动的空间极其有限。

图6-1给出了系统的成本与质量之间的内在关系，表明了轻量化设计的主要成本组成的基本趋势。绝大多数成本呈现指数变化，轻量化设计就是将在这一变化过程中存在的一个理论最小值作为经济化的解决方案。

由图6-1可知，采用更高轻量化结构的生产成本会显著增加，原因如下：

（1）来自设计、计算与试验的工程费用在轻量化设计中要比常规设计高出5~10倍。

（2）随着体积质量降低，材料成本增加，其比例关系约为：

St：Al：Mg：Ti：GFK：AFK：CFK = 1：3：4：20：10：50：100　（欧元/kg）

（3）由于更高的工具与加工成本，轻量化制造成本比常规的约高出3倍。

因此，通常机械制造中的轻量化设计要做出妥协。基于此，轻量化的目标就是在开销

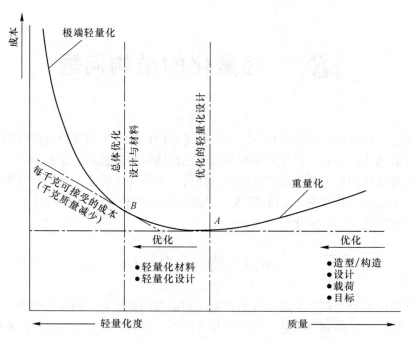

图 6-1　一个系统的成本与质量之间的内在关系

和收益之间要找到一个合适的平衡点。但航空航天设计中的情况则有所不同，其成本考虑通常排在要完成的使命后面，因此往往可以做到极限轻量化。

6.2　成　本　模　型

为了对所有轻量化措施进行经济性评估，下面来讨论几个相关因素。为了能够更好地说明，以一个交通机动车模型为例。在模型中引入了有效载荷与用来抵消开支的收益，据此可以简单地进行以下比较。

在系统成本 K_S 中，重要的部分是开发的设计成本（K_B）与研发的轻量化附加成本（K_L）、材料成本（K_W）、工具成本（K_{Wzg}）与制造成本（K_F）：

$$K_S = (K_W + K_{Wzg} + K_F) + (K_D + K_L) \tag{6-1}$$

轻量化附加成本（K_L）由工程师的工作量（ΔK_I）、试验（ΔK_v）与制造工具方面的额外开销（ΔK_{Wzg}）组成。

这里，材料成本占成本的主要份额（约占系统成本 K_S 的 35% ~ 40%）为：

$$K_W = \sum_{i=1}^{n} \Delta K_{W_i} G_{S_i} \tag{6-2}$$

式中　K_{W_i}——每个结构件的材料每千克的价格；

　　　G_{S_i}——每个结构件的结构质量。

运营成本 K_B 与总质量 G 成比例关系，可采用运营成本因子 k_B 计算：

$$K_B \approx k_B G \tag{6-3}$$

收入 K_E 则与有效载荷 G_N 成比例，可采用有效载荷因子 k_E 计算：

$$K_E \approx k_E G_N \qquad (6-4)$$

由于一个使用轻量化交通机动车的企业在收入和运营成本方面可施加的影响是有限的，因此所能努力做到的是在最大的意义下尽量限制轻量化附加成本。其目标是应当在尽可能低的系统成本下实现结构的轻量化。

一般来说，当通过更佳尺寸设计和结构简化降低结构质量时，轻量化附加成本将会更低。相反地，当通过精细化构造和采用更贵的材料降低结构质量时，轻量化附加成本将会提高。

从经济观点考虑，一辆商用汽车的有效载荷 G_N 应当明显高于其结构质量 G_S （$G_N \geqslant G_S$），因为只有这样才可以尽快地抵消附加的开支。正如在机动车技术规格手册里一再强调的那样，通常来说，在机动车达到一定的质量时，其价值较高。

但是，即使达到规划的整备质量（以前惯称的"空车质量"），也并不意味着研发成功，因此有必要根据方程表述的相互关系来采取相应的措施：

$$G_1 \approx G_0 + \alpha \Delta G_S \qquad (6-5)$$

式中　G_0——采用针对结构前的总质量；

　　　G_1——采用针对结构后的总质量；

　　　α——放大因子；

　　ΔG_S——针对结构的后续措施的结构质量。

也就是说，在设计上应该考虑到还有一个放大因子 α 在起作用，即需要有针对结构甚至整套设备的附加措施，以确保在给定的行程内能运输同样大小的有效载荷。放大因子 α 可由式（6-6）确定：

$$\alpha = \frac{G_1 - G_0}{\Delta G_S} = \frac{\Delta G}{\Delta G_S} \qquad (6-6)$$

其中，ΔG 为总质量的变化。按照经验，放大因子一般在以下范围内变动：

汽车制造，$\alpha \approx 1.1 \sim 1.5$；

飞机制造，$\alpha \approx 2 \sim 3$；

航天工业，$\alpha \geqslant 5$。

如果出现超重的情况，可以考虑两种替代方案：

（1）有效载荷 G_N 保持不变，结构质量中的 ΔG_S 必须重新设计。由此产生额外的开销，其比例关系大约为：

$$\Delta K \approx C(K_S + K_B) \alpha \Delta G_S \qquad (6-7)$$

（2）降低有效载荷的质量变化量 ΔG_N，结构保持不变；则经济性变化比例关系大致如式（6-8）所示：

$$\Delta K \approx C(K_S - K_E) \alpha \Delta G_N \qquad (6-8)$$

式中　C——比例常数。

具体应用中，需按照使用领域和约束条件来选择最合理的方案。

6.3　设计的边界条件与使用条件

由于交通技术（汽车、机车和飞机制造）是轻量化设计的典型应用领域，值得注意的是，与这些领域的实心件相比较，绝大多数的薄壁件也必须是安全的。要做到这一点，首先取决于对刚度（不稳定性）、断裂强度、可靠性与使用寿命的周密的计算，这在航空工业里已经是基本的要求，很久以前就被管理机构在书面上固定下来。在传统的工业应用中，此验算的要求也越来越多，如图 6-2 所示。在承载能力验算中，需按照规则确定变形极限，并且要进行针对流动、断裂或不稳定性的安全性验算。由于轻量化允许的安全系数越来越小，所需要的计算也就越来越费时。

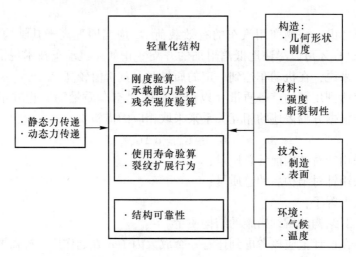

图 6-2　用于轻量化结构的验算方法

举例来说，其在交通技术中的要求如下：

抗断裂的安全系数 S_1：

$$\frac{R_{\text{eL}} \text{ 即 } R_{\text{p0.2}}}{\sigma_{\text{x计算}}} \geqslant S_1 = 1.15 \tag{6-9}$$

式中　R_{eL}——下屈服强度；

　　$R_{\text{p0.2}}$——规定的引伸计标距 0.2% 时的应力；

　　$\sigma_{\text{x计算}}$——通过计算得到的应力值。

抗流动的安全系数 S_2：

$$\frac{R_{\text{m}}}{\sigma_{\text{x计算}}} \leqslant S_2 = 1.5(\text{最低至} 1.3) \tag{6-10}$$

式中　R_{m}——抗拉强度。

抗不稳定性的安全系数 S_3：

$$\frac{\sigma_{\text{压弯/凸起临界}}}{\sigma_{\text{x计算}}} \geqslant S_3 = 1.5(\text{或小于可控失效}) \tag{6-11}$$

式中　$\sigma_{\text{压弯/凸起临界}}$——压弯与凸起临界处应力。

对于动态应力载荷情况，还应进行可靠性验算。可靠性验算步骤为：

（1）根据对结构的受力分析，确定关键部位或由委托方明确验算部位。

（2）根据对结构使用期间承受荷载历程的调研和预测，制定相应的疲劳标准荷载频谱。

（3）对结构或局部构造上的疲劳作用和对应的疲劳抗力进行分析评定。

（4）提出疲劳可靠性的验算结论。

通常周期要求为：钢材，最少 2×10^6 个周期（在振动疲劳极限下，振幅恒定）；铝材，最少 1×10^7 个周期。

紧接下来要进行的是静态或者动态的裂纹断裂或者裂纹扩展验算。

抗静态裂纹断裂的安全系数 S_4：

$$\frac{K_{\text{I临界}}}{K_{\text{y计算}}} \geqslant S_4 = 1.7\,(最大取\ 2.0) \tag{6-12}$$

式中　$K_{\text{I临界}}$——断裂韧度，也记为 K_{Ic}；

　　　$K_{\text{y计算}}$——计算值。

抗动态裂纹扩展的安全系数 S_5：

$$\frac{K_{\text{Ic}}(1 - R)}{\Delta K_{\text{max计算}}} \geqslant S_5 = 2.0\,(最大取\ 2.5) \tag{6-13}$$

式中　R——应力比，$R = \dfrac{\sigma_{\text{u}}}{\sigma_{\text{o}}}$；

$\Delta K_{\text{max计算}}$——计算得到的最大差值。

根据应用情况，有两个基本要点需加以注意：要求在整个期间符合绝对无损坏的"safe-life-quality"（安全-寿命-质量）原则与以破坏允差和足够的残余承载能力为前提的"fail-safe-quality"（失效-安全-质量）原则。所有的轻量化措施都是以此目标为基础的。总的来说，还要考虑以下几点：

（1）符合理想要求的材料具备密度低、弹性模量高、静态与动态基本强度高、足够的断裂韧性。在自然界的材料中很难得到这样的性能组合。因此，可达到这些设计功能要求的复合材料得到了越来越多的应用。未来，"主动功能构造"（AFB）将开辟新的应用空间。"主动功能构造"是在基体材料中植入主动功能材料，如压电纤维传感器，以达到改变特定的性能（例如变形行为、稳定性行为与疲劳行为）。

（2）参数确定应始终遵循最小化设计的原则。这通常是以昂贵的追加计算（求解微分方程，生成有限元/边界元模型）为前提的。

（3）以定义的力导入，松散的设计原则，达到设定的刚度，足够的可维修性与只在载荷很小的区域内的接合布置为主要标识的设计结构。

（4）经验表明，一个好的轻量化设计往往是循环反复地采用 CAD-FEM 软件进行大量计算来逐渐完善的。不过，尽管仿真功能越来越强大，开发的最后阶段通常还是要借助与实际接近的原型进行试验验证。

7　轻量化的方法和辅助工具

几乎所有的开发项目都证明了，轻量化属于工程科学中的理论性学科。通常来说，典型的轻量化开发项目的时间分配大致如下：

（1）30%设计工作（规划、制图、加工）。

（2）40%计算工作（选择参数、优化）。

（3）20%试验验证（原型、测试）。

（4）10%修改完善（计划、图样）。

这里，明显与理论相关的工作量达到了80%。基于此，在讲授轻量化方法之前，有必要首先简要介绍轻量化设计项目中将要用到的技术和辅助工具。

7.1　设　计　技　术

很久以来人们就试图将设计行为系统化，其目的在于学习通用有效的与方法相关的设计技术，而不再是获得仅与产品相关的措施。从这个意义上讲，轻量化不需要特殊的设计教学，而只是要考虑到针对轻量化技术的特殊情形加以修改的方式。

与所有其他技术设计任务一样，轻量化设计的主要任务也是要满足所要求的功能，除此之外，首先要考虑到的是质量最小化，其他要满足的条件还有：安全性/可靠性；可生产性；可控制性；可装配性/可操作性；可检查性/可维护性/可修理性；环境；回收等。

实际设计中无法达到只降低自重的目标。因此，面向轻量化的设计一般按照如下的工作步骤进行：

（1）任务解析。收集到任务所要求的信息并生成一个任务要求清单；确定现有条件的局限，对解决方案进行评估；确定一个解决方案的方向；评估技术经济后果。

（2）规划（找到一个原则性的解决方案）。了解任务背景与考查核心问题；将核心问题分解为若干从属子问题；寻找解决各个子问题的方法；将解决子问题的方案结合起来用于解决核心问题；评估解决方案；生成规划草图。

生成一个行之有效的规划的前提条件是掌握作用力的大小与方向、所选择的材料的可能性、构造的性能与合适的预先设定参数等方面的知识。

归根到底，一个好的规划是问题得以创新性解决的保证。规划的开发意义重大。遗憾的是，经验表明，在实际中人们对规划工作做得很少，往往是很快就沿着仅仅一个方向进行下去了。

（3）草图设计（解决方案的具体设计说明）。针对构造方案，将规划草案加以量化；一个方案的评估、简化和选择；整个草案的修改完善。

（4）加工（确定生产与装配方案）。确定最终的几何尺寸、参数、材料与生产方式，以生成必要的生产技术资料。

出于对方案优化的考虑，以上步骤通常会一次或多次循环进行。随后进入的阶段是：

（1）原型制造（功能控制，装配等）；

（2）测试工序（承载能力测试可靠性，寿命）。

以上设计流程如图7-1所示，这个流程与通常的设计系统学方法是一致的，也在解决完全不同的各种问题中得到了验证。

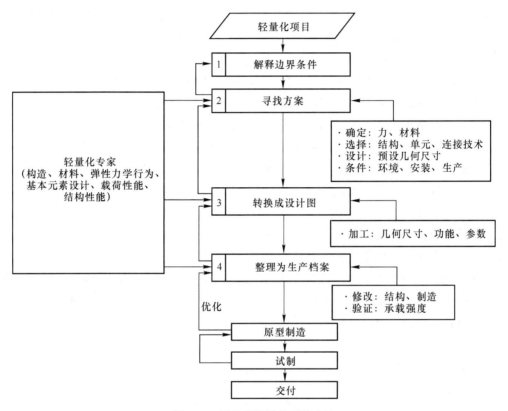

图7-1　轻量化设计的系统方法

要得到一个理想的设计结果，应具备可靠的轻量化设计知识。仅有创造力是不够的，因为设计所选择的材料通常只有符合规定的、确定的构造才能达到轻量化的效果。要做到这一点，则需要理论基础知识和实践经验的完美结合。根据已经具备的理论知识，设计人员应当能够提出解决问题的方法与工具。以上这些是"轻量化设计师"所应具备的专业知识基础。

7.2　计　算　方　法

轻量化设计工作中相当的一部分时间是消耗在轻量化构件及其结构的设计上。这些工作主要是用来求解针对内力变量或者变形的微分方程或者方程组。出于教学的目的，对接下来的几个子问题的数据处理上选择了分析求解方法，以便于清晰地说明设计的方法。

在简单的弹性理论微分方程解法的最低层，可以应用微分方法或者傅里叶分析法。但是，在复杂的几何形状、多重载荷与实际边界条件同时出现时，这种方法常有其局限性，适用于此种情况的计算方法通常为有限元方法（FEM）或者边界元方法（BDM）。

迄今为止，在这些纯数值方法中，有限元方法是应用最为广泛也最为普及的方法。有限元方法与边界元方法最主要的区别在于，有限元可以描述内部与边界，而边界元方法只能计算边界。本节将简单介绍有限元方法的几个基本要点。

有限元方法是面向计算的方法，借助力学单元（横梁、盘、板壳、体积）的储存，提供用于软件技术的汇编算法与解析算法。

有限元由其刚性矩阵标识，基于一定的变形假设条件（线形、正方形或立方形）；借助这些基本单元，建立起对应力学性能的结构，在结构中单元通过节点连接；在模型里进一步导入力并考虑到支架上的节点；最后建立起一个大的线性方程组，通过计算程序求解该方程组；计算结果为节点的变形、应力与支架的反作用力。

有限元法是一种高效、常用的数值计算方法。其基本思想是由解给定的泊松方程化为求解泛函的极值问题。将连续的求解域离散为一组单元的组合体，用在每个单元内假设的近似函数来分片的表示求解域上待求的未知场函数，近似函数通常由未知场函数及其导数在单元各节点的数值插值函数来表达，并可以用数值方法求解，这些数值模型方程的解就是相应的偏微分方程真实解的近似解，有限元法（FEM）就是用来计算出这些近似解的，有限元方法绝大多数情况下比分析解法能更好地解决问题。为了证明这一点，图 7-2 给出了一个简单例子，图中所示为模拟卫星运动的试验平台。试验采用的材料为不锈钢，在测试过程中模拟了卫星所受到的环境的影响（极冷与极热，温度变化范围 $-140 \sim 100 ℃$）。其动力学性能在准静态下测试，即在不同的位置通过等效力模拟实际应力载荷。

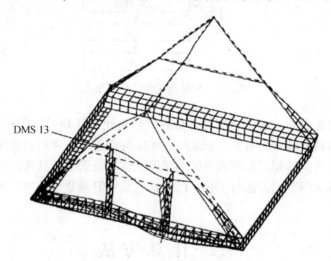

DMS 13

图 7-2　源于有限梁单元与壳单元的试验模型

在修订设计参数后，试验平台得以建造并投入使用。通过试验可以对计算结果和测量结果进行比较。例如，图中标明的节点 13 处的计算应力为 $\sigma_{理论} = 39.9 \text{MPa}$，测量结果为 $\sigma_{实际} = 38 \text{MPa}$，误差为 4.76%。这是一个非常小的偏差，其他情况下测量到的偏差最大为 13%。

7.3 测 试 技 术

所有参数设计的理论方法常常存在不安全性，因此为了确保结果的可靠性，一般都要对模型进行测试，主要是在不用破坏毁坏构件的基础上用应力计确定力或确定应力。

这里虽然不对这项技术细节给予更进一步的说明，但需要指出，即使借助应力计，构件所承受的应力载荷也不能自我测量。测试条只是反映了表面产生的变形，在线弹性情况下可以将其与应力载荷状态以某种规律的方式联系起来。这意味着，在实际应用中，通常的基本受力状态，如拉、压、弯曲与扭转，相对来说比较容易分析。对于叠加的应力载荷与复杂几何形状情形，采用应力计则容易出现问题。因为必须对电压中的电信号加以换算，这种测试方法的精确度最后要通过所采用的材料常数换算而得出，与此换算相关的测试评估误差最大可达到10%。

7.4 试 验 技 术

与测试相关的试验是设计的最后保证。与实际情况相比，测试的问题在于，测试常常与针对特殊生产的研发或者是与针对批量生产的研发有关。根据客观规律，在针对特殊生产的研发的情况下，由于无法充分利用破坏性的测试技术，所以需要进行大量的数值仿真。而对于批量生产的构件，常常可以对很多试件进行破坏性测试，以得到实际的图表。

进行试验的主要目的是得到材料的特征值（应力-应变关系，断裂韧性等），也包括对构件进行静态或者动态测试。通过试验得到的数值首先用来验证假设，然后用于建立经验评估知识库。

轻量化实践一再表明，根据方法和环境不同，测试方法也是多种多样的，构件的大小也经常变化，因此，固定的检测设备常常变得没有针对性，所以，有必要采用可灵活操作的制件夹紧装置平台，这样在检测中所允许的变化空间会比较大。

图7-3中展示了卡塞尔大学轻量化检测试验室的一些设备：用于拉伸试验、断裂力学试验与标准试样短时间疲劳强度试验的材料测试装置；用于构件动态测试的带有伺服液压

图7-3 卡塞尔大学轻量化设计试验室的检测设备

缸（25kN，63kN，100kN，160kN，250kN 与 380kN）的制件夹紧装置平台（工作范围：2.5m×4.0m），可进行多级试验、随机试验与仿形试验；用于大型结构的静态与准动态零部件测试（至 300kN）的制件夹紧装置平台（工作范围：4.0m×6.0m）。

所有试验都必须在进行过程中加以控制与评估，为此还需要采用过程计算机以及控制和评估软件（如 LAB-TRONIC），这些措施加在一起才可能确保轻量化设计在实际应用时的安全可靠。

8 轻量化设计原则

在植物和生物的世界里，自然界遵循着多样性的原则，它证明了生态构造永远是以最小能源消耗方式制造出来的，并且总是质量轻，寿命长。这一点也是必要的，因为生物所消耗的材料要通过新陈代谢生产出来，为了达到必要的运动自由度，须尽量合理地分配物体的质量并保持一定的刚度。

人类通过模仿大自然成功地解决了很多的技术问题。图 8-1 给出的支撑设计例子中，三明治结构或者纤维复合结构就开辟了全新的设计领域。

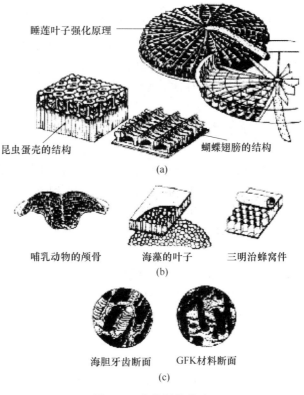

图 8-1 自然界的构造
（a）支撑设计；（b）三明治设计；（c）纤维复合设计

自然界里有 150 万种动物种类和 50 万种植物种类，对于寻求高性能技术解决方案的工程设计来说，这些自然界的样板提供了无穷尽的可参考资源。举例来说，甲壳虫的甲壳基于其三明治结构具有极高的抗压强度；小麦的茎展现出的空心复合结构具有特别高的抗弯强度；人的头颅骨从空气动力学角度来讲则是意料不到的轻盈。不过，经验表明，向自然的学习不能是简单的接受，而是需要有目的地加以消化吸收。

8.1　结 构 特 征

自然界的一个基本原则是"适合躯体的质量"在遇到最大载荷的地方优先得到"生长"，在承受很小载荷的地方，材料则减少。在实际中可以看到很多按照这一构造原理的应用例子，比如薄壁型杆与闭口管材，或者是扇形的与带加强肋的平面支承结构。这里，型材总是按照载荷最优化来设计的。其原则如下：

（1）如果可能的话，尽量将结构设计成承受拉应力。这样的结构不会遇到不稳定的情况，所以不需要有抗弯刚度。

（2）如果遇到压应力，为了提高稳定性，可采取成型、分割或者支撑连接等措施，但这样一来，结构的质量通常会增加。

（3）在实心的横截面中要避免弯曲应力或者扭应力，因为这种横截面没有得到正确的利用。

在自然界中，有的材料具有极小的密度（如：蜘蛛丝，$\rho \approx 0.11 \text{kg/dm}^3$；鸟的羽毛，$\rho \approx 0.115 \text{kg/dm}^3$；甲壳，$\rho \approx 0.14 \text{kg/dm}^3$），它们都是通过植入带有橡胶性能（$\rho = 1.2 \text{kg/dm}^3$，$E \approx 10 \sim 20 \text{N/mm}^2$）的弹性阮、骨胶原与节支弹性蛋白来形成稳定性。平面结构的刚度则通过生长路径来形成（如树叶），这样同时分割的结构具有很高的抗弯刚度和翘曲刚度。

8.2　设 计 原 则

轻量化设计是一个多层级的过程，要在概念化及其实现的不同回路中进行多次的循环反复。为了节省费用与时间，应当尽早地将已有的经验引入到方案设计中。实践表明，遵循自然法则会实现智能化的设计，所有违反自然法则的行为则会导致在设计、质量与加工上付出更高的代价。仿生学在许多方面给轻量化设计指明了方向（造型/拓扑和构造），即如何对构件/结构进行优化。

下面给出轻量化设计中应遵循的一些参考要点：

（1）尽量直接的力导入与力平衡。设计中应使受力直接导入到主承载结构上。偏转或者回转设计通常会由于其复杂的应力状态而产生更高的载荷，导致几何尺寸更加复杂、自重增加（大约重 10 倍），如图 8-2 所示。

如果可能的话，应将不对称的设计改为对称的设计，其好处是可利用结构内部力平衡。在纯支撑性设计（杆和梁）中，这样的方式会使设计得到更好的利用。

在型材的设计中也是一样。一个闭口型材比开口型材可承受高得多的载荷（约 30倍），而产生的变形则小得多（约 1/300）。这一点适用于每种横截面几何形状。

总的原则是，设计中型材应是封闭的，至少也是可分割的。说明如图 8-3 所示。

（2）尽量大的面积惯性矩与阻力矩。在承受弯曲、扭转和压弯载荷的设计中，应在尽可能小的面积上实现大面积惯性矩与阻力矩，也就是说剖面形状因子 f_p 要达到最大：

$$f_p = \frac{J}{A^2} = \frac{i^2}{A} \tag{8-1}$$

可以将较多的材料从结构中心移开，并将其设置在外部的高承载区域。图 8-4 显示了

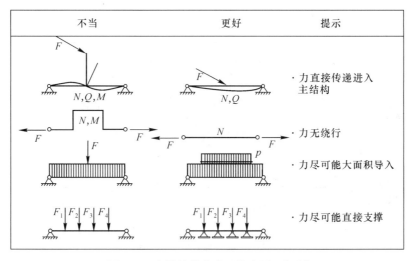

图 8-2　支撑结构中典型的力导入问题

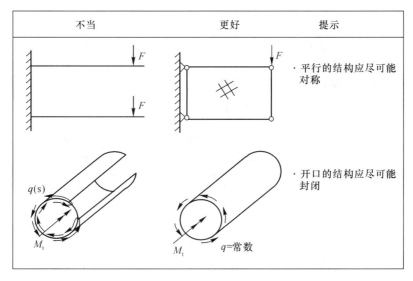

图 8-3　支撑结构与截面的典型力平衡问题

设计的步骤，即从实心横截面到空心横截面，直到三明治横梁的设计。

空心型材的面积惯性矩通常比实心横截面的面积惯性矩高出很多。其所受到的局限是，结构的尺寸需有规律地放大，但自重要降低。通过采用适当的形芯结构，可以使得三明治结构设计很好地适应于受控载荷的类型，结构化形芯的抗弯刚度要比均匀化形芯的抗弯刚度高出大约 4 倍。

（3）轻盈的结构。通过松散的构造，可大大地加固小横截面面积的平面支撑结构。带有加强肋的或下弦杆的支撑结构或者三明治结构的刚度比实心的支撑结构的刚度要高出很多。图 8-5 所示为通过加强肋、下弦杆加固的平板和网格板、结点板。

（4）利用曲率的自然支撑作用。通过预弯曲设计可极大地提高直盘和直板的抗弯刚度、压弯刚度和翘曲刚度，因为这种设计增加了面积惯性矩，消除了不稳定的趋势。这一设计原理的应用示例如图 8-6 所示。

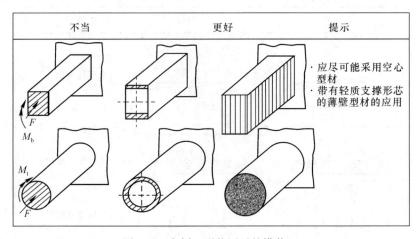

图 8-4　大剖面形状因子的横截面

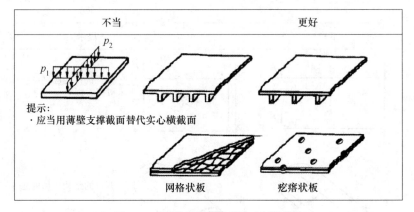

图 8-5　用肋或横梁来增加板的刚度

（5）在主承载方向进行有针对性的加固性设计。有目的地引入正交各向异性或者各向异性设计可提高构件在确定的优先方向上的刚度。这里应尽量利用设计上或者材料力学上的各向异性，以此提高结构的承载能力和不稳定极限，如图 8-7 所示。

如图 8-8 所示，还可以通过不同的板材厚度（如拼焊板与拼焊管）来增加刚度，如采用激光焊接的方法将不同厚度与质量的板材焊接在一起，并一起加工成型，通过这种方法可加工出空心型材（这里指 IHU 或者枕形液压成型轮廓）与大的平面构件（注：IHU 为在 $p=300\text{MPa}$ 下带有液态有效介质的内高压成型，适用于钢合金和铝合金）。

另外，还可以采用增强刚度的材料组合如钢-铝-型材/板材-复合（激光轧制转换接头）。这里所采用的连接技术为有针对性的表面堆焊与挤压。

（6）优先遵循集成化原则。在已知条件下，轻量化设计结构应由尽量少的单一件构成。为了将各个单一构件连接在一起，需要更多的连接工作和材料消耗，这也可能会引发装配与可靠性方面的问题，将多个单一构件集成为一件式结构件如图 8-9 所示，展示了解决方案的示例。

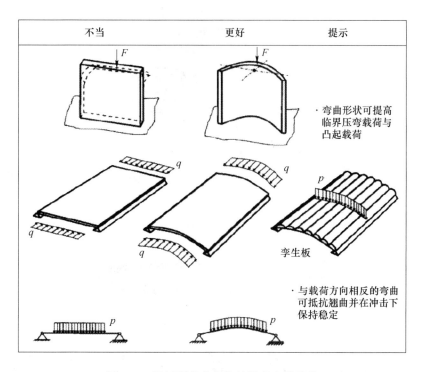

图 8-6　通过预弯曲的构件提高支撑载荷

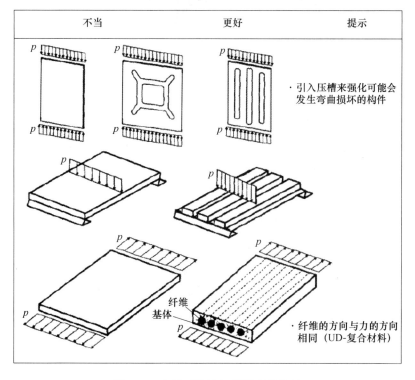

图 8-7　有针对性地加强刚度的构件

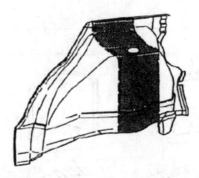

图 8-8　在轿车车轮外罩壳上通过板材厚度变化和几何尺寸配合的平面加固方式

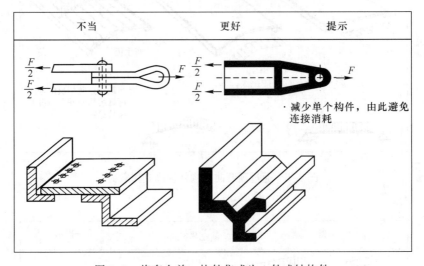

图 8-9　将多个单一构件集成为一件式结构件

采用这种方法，模具的成本会更高一些，但是这可以通过节省更多的材料，获得更高的安全性能或加工更少的单件数量得到弥补。

（7）充分挖掘设计的潜力。如图 8-10 所示，只有在确保安全（出于对无法明确掌握的边界条件的担忧）的前提下，才可以考虑实现极限轻量化。其前提条件是：

1）对力的准确了解（大小、方向）；

2）采用规格可以得到确实保障的高价值材料；

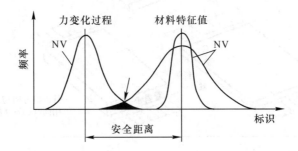

图 8-10　有法向分布载荷与静态材料特征值的钢铁制造中的安全概念

3）应用准确的计算方法（FEM）；

4）优化的几何尺寸（缺口、力线）；

5）确保对设计细节进行有针对性的先期试验。

安全问题在钢铁制造中意义重大，因为其设计的自由度很大，而在发生失效时则会威胁到人身安全。

（8）达到预定的使用寿命。轻量化构件往往会存在应力集中的薄弱环节（缺口、裂纹）。在动态应力载荷下，这些会产生失效的薄弱环节限制了轻量化设计的安全使用寿命。基于寿命验证（理论的/试验的）的要求，需要采取措施确保所设计的轻量化件可达到预期的使用寿命。通常来说，要提高使用寿命可以采取降低应力载荷、选择合适的材料以及在构件/结构的造型和几何尺寸上选择不同的配合方式。

实践表明，实际的设计常常与以上列出的规则发生冲突。其结果是最后所得到的设计往往与轻量化设计的初衷不完全相符。

第3篇 轻量化设计——有限元方法（FEM）

9 轻量材料力学设计实例

9.1 阀门执行器静应力分析

本节应用 Solid Works 软件建立了阀门执行器端盖三维模型，阀门执行器端盖进行了应力分析，对其薄弱结构进行了优化设计，使阀门执行器端盖符合安全要求。

9.1.1 建立阀门执行器端盖模型

应用 Solid Works 软件建立阀门执行器端盖模型，如图 9-1 所示。

扫一扫看更清楚

图 9-1 某阀门执行器端盖三维模型

9.1.2 参数的设置

打开 Solid Works 中的插件 simulation，打开新算例，选用静力分析，模拟过程中所用参数为：

（1）端盖选择材料为 A380.0-F 铝合金。

（2）阀门执行器端盖接触面（下表面）添加固定约束。

（3）由相关文献可知，在爆炸环境下端盖最大要承受 2.5MPa 的压强，因此在端盖内表面加载压强 2.5MPa。

9.1.3　网格划分

阀门执行器端盖结构相对简单，采用系统默认网格尺寸进行网格划分，最终得到有限元模型含有 65565 个网格单元，节点总数 103165 个，如图 9-2 所示。对网格质量进行检查，纵横比合适。

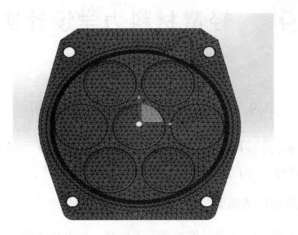

扫一扫看更清楚

图 9-2　端盖有限元模型

9.1.4　某阀门执行器端盖静应力模拟结果

对有限元模型进行静应力分析，得到结果，如图 9-3～图 9-12 所示。

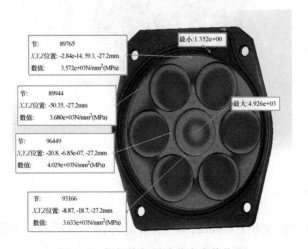

扫一扫看更清楚

图 9-3　阀门执行器端盖应力值位置

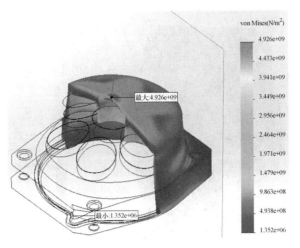

扫一扫看更清楚

图 9-4　阀门执行器端盖应力剖面

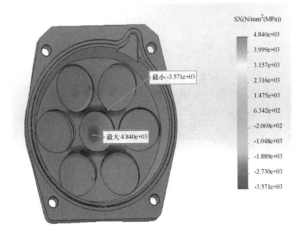

扫一扫看更清楚

图 9-5　阀门执行器端盖 X 轴法向应力

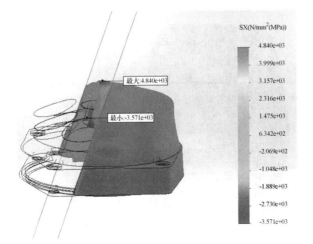

扫一扫看更清楚

图 9-6　阀门执行器端盖 X 轴法向应力剖面

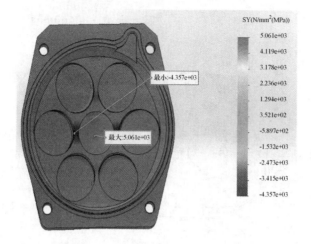

图 9-7　阀门执行器端盖 Y 轴法向应力

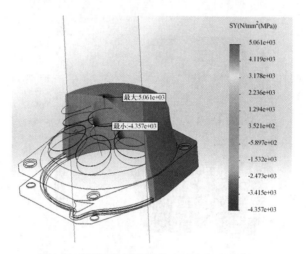

图 9-8　阀门执行器端盖 Y 轴法向应力剖面

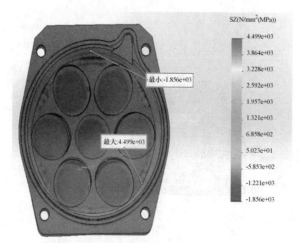

图 9-9　阀门执行器端盖 Z 轴法向应力

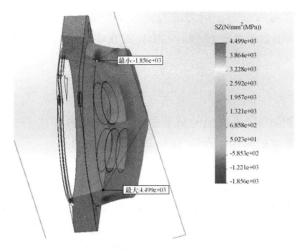

图 9-10　阀门执行器端盖 Z 轴法向应力剖面

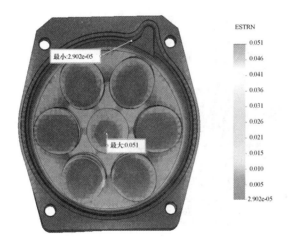

图 9-11　阀门执行器端盖应变

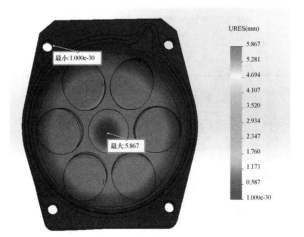

图 9-12　阀门执行器端盖位移

由图9-3~图9-12可以看出，应力最大值为4926MPa，已经远远大于A380-F铝合金的拉伸强度，直接导致端盖损坏。位移最大值位置在端盖中心，为5.867mm，端盖中心已经遭到破坏。

9.1.5　端盖结构优化

由原端盖有限元静应力分析得出的结果做出以下优化内容：

（1）在端盖内表面增加两根半径为5mm的加强筋加固。

（2）将端盖的端壁加至50mm。

对优化后的阀门执行器端盖进行静应力分析，其结果如图9-13~图9-18所示。

由图9-13~图9-18可知：优化后端盖X轴、Y轴、Z轴的法向应力和位移最大值都明显小于原端盖，且优化后的端盖其法向应力最大值都小于材料的拉伸强度。优化后的端盖模型，最大变形量为0.053mm，最大应变为0.002，变形位置在端盖中心，表9-1列出了端盖优化前后应力、应变和位移的最大值。

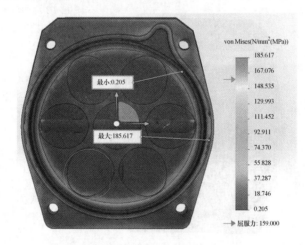

扫一扫看更清楚

图9-13　优化后端盖应力

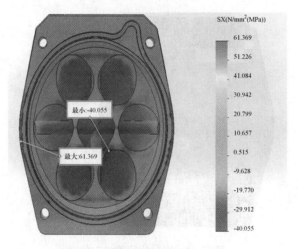

扫一扫看更清楚

图9-14　优化后端盖X向应力

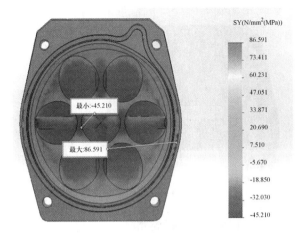

扫一扫看更清楚

图 9-15　优化后端盖 Y 向应力

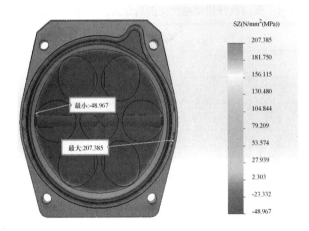

扫一扫看更清楚

图 9-16　优化后端盖 Z 向应力

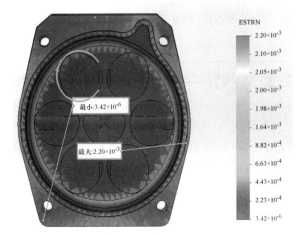

扫一扫看更清楚

图 9-17　优化后端盖应变

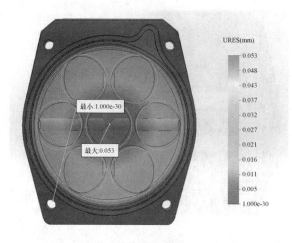

扫一扫看更清楚

图 9-18　优化后端盖位移

表 9-1　阀门执行器端盖优化前后应力、应变和位移最大值

项　　目	优化前	优化后
应力/MPa	4926	185.617
X 轴应力/MPa	4840	61.369
Y 轴应力/MPa	5061	86.591
Z 轴应力/MPa	4499	207.385
应变	514.5	0.002
位移/mm	5.867	0.053

　　由优化阀门执行器端盖结果可知，优化后的端盖在 2.5MPa 压力下超过材料屈服强度极限 166MPa 的区域基本没有。将原始端盖易发生破坏位置的应力值，与改进之后端盖的应力值进行对比，优化后阀门执行器端盖最大应力只是点应力集中，且所受最大应力为 113.5MPa，执行器端盖变形量减小，减小到 0.053mm。所以优化后的端盖是安全的，符合设计要求。

9.2　疲劳——奥迪车轮辋疲劳分析

　　在众多交通事故中，车轮失效占很大的比例，弯曲疲劳失效占车轮失效的 80%，弯曲疲劳是车轮疲劳的主要形式，车轮弯曲疲劳试验是国家标准强制规定的主要试验之一，所以对车轮弯曲疲劳的研究具有非常重要的价值。

9.2.1　奥迪车轮辋模型建立和参数确定

　　按照国际和行业的轮辋参数标准，应用 Solid Words 建立轮辋三维模型，如图 9-19 所示。

扫一扫看更清楚

图 9-19　奥迪车轮辋的几何模型

　　轮辋的材料有钢制和铝合金两种，本书研究的对象是钢制轮辋，因为车轮为一体式，我们把整个车轮的材料属性（Material Property）设置一致，材料为普通碳钢，材料的属性参数见表 9-2。

表 9-2　普通碳钢的材料属性参数

属　性	数　值	单　位
弹性模量	2.1×10^{11}	N/m^2
泊松比	0.28	不适用
抗剪模量	7.9×10^{10}	N/m^2
密度	7800	kg/m^3
张力强度	399826000	N/m^2
压缩强度		N/m^2
屈服强度	220594000	N/m^2
热膨胀系数	1.3×10^{-5}	
热导率	43	$W/(m \cdot K)$
比热	440	$J/(kg \cdot K)$
材料阻尼比率		不适用

　　由于轮辋是不规则的实体，因此选用了基于曲率的网格划分。本研究中经过阅读相关资料和反复调试，根据现有计算机硬件的支持，最终确定网络单元大小为 10mm，得出的奥迪车轮辋的有限元模型如图 9-20 所示。

9.2.2　载荷的加载

　　疲劳模拟分析的载荷主要包括约束条件的选取、施加载荷方式、载荷的大小、疲劳循环次数等。本节研究的是弯曲疲劳试验状态，在轮辋体所有螺栓孔表面上施加全约束，即所有面六个自由度全约束，作为固定约束。做法就是利用夹具把螺栓孔固定，如图 9-21

扫一扫看更清楚

图 9-20　奥迪车轮辋的有限元模型

所示。然后在螺栓孔所在的平面上施加一个沿着加载轴的扭矩，大小为 $M=2000\mathrm{N}\cdot\mathrm{m}$，然后再在这个方向上加载一个恒定的离心力，角速度为 20rad/s，如图 9-22 和图 9-23 所示。

扫一扫看更清楚

图 9-21　螺栓孔固定

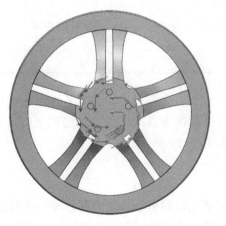

扫一扫看更清楚

图 9-22　扭矩加载

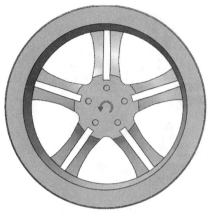

扫一扫看更清楚

图 9-23　离心力加载

普通碳钢的 S-N 曲线如图 9-24 所示。纵坐标表示交替应力，横坐标为疲劳破坏前的应力循环次数。施加的疲劳循环次数为 10000，然后进行疲劳仿真计算。

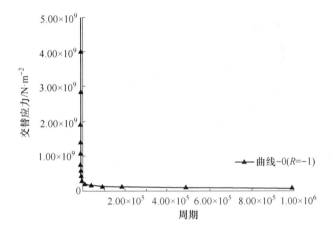

图 9-24　碳钢材料的 S-N 曲线

9.2.3　仿真模拟结果分析

在有限元模型上加载扭矩、离心力后进行仿真模拟运算得出静态应力分布，如图 9-25 所示，静态应变分布，如图 9-26 所示，静态位移分布，如图 9-27 所示。

由图 9-25 和图 9-26 可以发现，应力主要集中在螺栓孔附近，最大的合应力已经超过了材料的屈服力，所以这些地方应变也相对比较大，结果与实际试验结果也很吻合，说明了此研究方法的可靠性。

图 9-27 表明，结果与实际很接近，发生位移的地方主要在轮辋外轮廓，然后到辐条，发生位移最小在轮辋体中心。由于螺栓孔附近单元受到螺栓以及加载轴的限制，轮辋体中心发生的位移趋于零。

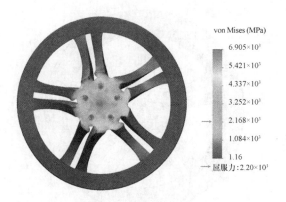

扫一扫看更清楚

图 9-25　静态应力分布

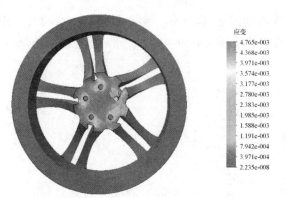

扫一扫看更清楚

图 9-26　静态应变分布

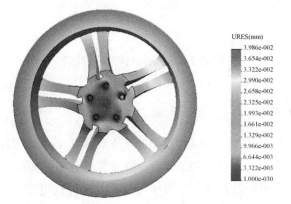

扫一扫看更清楚

图 9-27　静态位移分布

　　弯曲疲劳计算结果——寿命分布图和损坏分布图如图 9-28 和图 9-29 所示。

　　从图 9-28 和图 9-29 可以发现，应力分布集中的点出现的疲劳损坏也比较大，所以螺栓安装孔附近的地方属于疲劳寿命危险点，模拟结果跟实际相符。

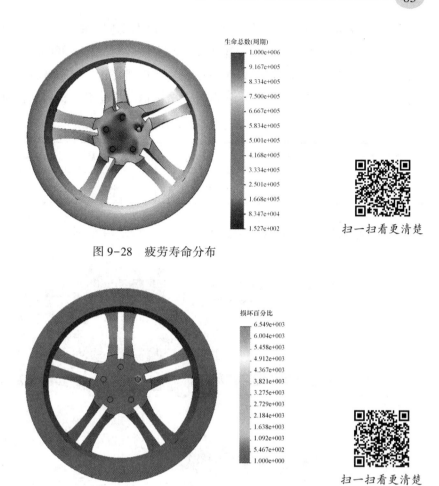

图 9-28　疲劳寿命分布

扫一扫看更清楚

图 9-29　疲劳损坏分布

扫一扫看更清楚

9.3　机舱底座模态分析

9.3.1　模态分析前处理

在模态分析中，不必分析底座结构件的所有振动形态与频率形态，只需获取底座的前几阶振型和固有频率就可以验证出底座是否会因为受到激励而发生共振，机舱底座的性能是由它最低的几级固有频率和振型所决定的。这是由于外界引发的频率震动等级往往不高，远远没有达到底座的高阶固有频率，外界的激励所引发的低阶激振力频率才是最为关键与致命的，因为它可以接近甚至是等于底座的低阶固有频率。再加上由于硬件设备等条件的不足，所以本节只对底座的前 5 阶固有频率进行模拟测试。

在 Solid Works 中应用 Simulation 插件对机舱底座进行模态分析。在 Solid Works 打开模型，点击插件中的新算例，在插件的 Property Manager 选项卡下的常规模拟框中选择"频率"，以进行模态分析，其分析的步骤如下：

（1）材料的选择。铸造合金结构钢普遍用以制造机械件，其成本较低，锰与硅、铬等合金元素的加入，可提高钢材的淬透性和耐磨性以制造高强度的大型铸件。本节中的底座材料选用铸造合金钢，Command Manager 选项卡中点击"应用材料"模块，对底座模型进行材料定义，选择模型的材料为铸造合金结构钢，机舱底座材料属性见表 9-3。

表 9-3　机舱底座材料属性

材料类型	弹性模量/MPa	泊松比	抗拉强度/MPa	屈服强度/MPa	伸长率/%
铸造合金钢	1.9×10^5	0.26	448	241	24

（2）施加约束。在塔架连接处施加约束，如图 9-30 所示。固定约束位置。

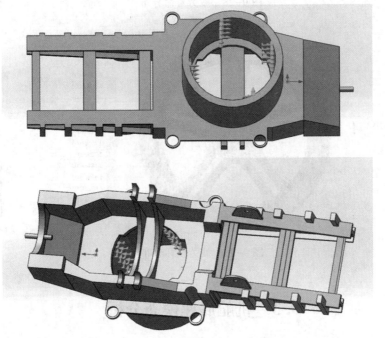

扫一扫看更清楚

图 9-30　底座约束示意图

（3）载荷加载。在"外部顾问"中添加对机舱底座所施加的力，主要为叶片转动时轮毂转动，带动主轴从而增速箱与发电机工作产生振动，其振动传导到底座接触面。

（4）划分网格。

（5）运行算例。

9.3.2　模态分析后处理

经过软件计算分析获得底座模型的前三阶主振型：一阶振型云图如图 9-31 所示、二阶振型云图如图 9-32 所示、三阶振型云图如图 9-33 所示。

经电脑有限元分析模拟，底座模型前五阶固有频率见表 9-4。

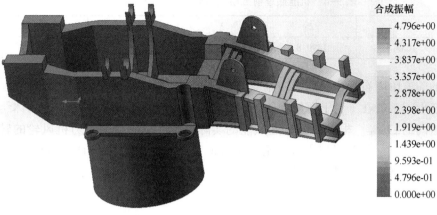

合成振幅

4.796e+00
4.317e+00
3.837e+00
3.357e+00
2.878e+00
2.398e+00
1.919e+00
1.439e+00
9.593e-01
4.796e-01
0.000e+00

扫一扫看更清楚

图 9-31　一阶振型

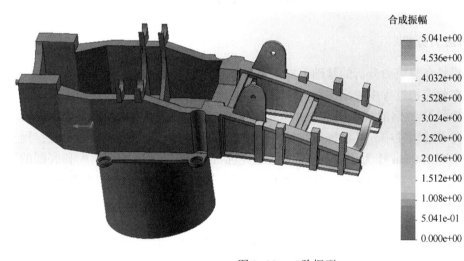

合成振幅

5.041e+00
4.536e+00
4.032e+00
3.528e+00
3.024e+00
2.520e+00
2.016e+00
1.512e+00
1.008e+00
5.041e-01
0.000e+00

扫一扫看更清楚

图 9-32　二阶振型

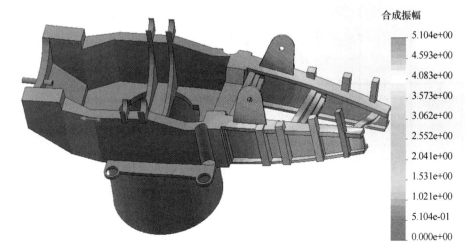

合成振幅

5.104e+00
4.593e+00
4.083e+00
3.573e+00
3.062e+00
2.552e+00
2.041e+00
1.531e+00
1.021e+00
5.104e-01
0.000e+00

扫一扫看更清楚

图 9-33　三阶振型

表 9-4　机舱底座前五阶固有频率

阶数	1	2	3	4	5
频率/Hz	1039.7	1499.8	1796.3	2748.1	2787.4

从底座模型的前五阶固有频率和前三阶振型可以看出，模型在尾部发电机安装位置发生了一定程度的变形。一般在工程上要使物体结构与激励不发生共振，则需要避开物体结构系统工作频率区间的±10%。根据我国自然风能的实际情况，国内商用风力机风轮的转速一般在 9~18r/min 之间，也就是风力机风轮转动的频率范围在 0.15~0.3Hz 之间。从表 9-4 中得知，该机舱底座第一阶固有频率为 1039.7Hz，远远大于国内常规风力机风轮工作时产生的刺激振动，所以该底座不会发生共振现象。

9.4　H 型钢柱抗震分析

9.4.1　H 型钢静应力分析

抗震模拟过程是在静应力分析的基础上加入地震波进行模拟的，所以首先对 H 型钢进行静应力分析，在此模拟过程中忽略构件内在的残余应力和缺陷等不确定的因素。

在本节中所选的 H 型钢的规格为 300mm×300mm×10mm×15mm；高度 H 取 1500mm，根据在刚度均匀分布的钢柱中，其在抗震和受力过程中反弯点一般位于构件中间位置，则取框架柱高的一半即 750mm 作为研究对象，模型还包括在钢柱顶部的加载顶板和底部的底板，顶板和底板的厚度都为 40mm，其模型示意图和三维模型图如图 9-34 和图 9-35 所示。

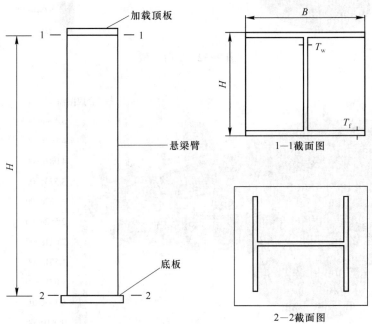

图 9-34　H 型钢柱

图 9-35 H 型钢柱模型

模型的材料属性和网格参数见表 9-5 和表 9-6。

表 9-5　构件材料属性

属　性	数　值
泊松比	0.28
抗剪模量/N·m^{-2}	7.9×10^{10}
质量密度/kg·m^{-3}	7800
张力强度/N·m^{-2}	4.9×10^{8}
屈服强度/N·m^{-2}	3.15×10^{8}
线膨胀系数/K^{-1}	1.1×10^{-5}
热导率/W·m^{-1}·K^{-1}	14
比热/J·kg^{-1}·K^{-1}	440

表 9-6　网格细节

网格类型	实体网络
所用网格器	标准网络
雅可比点	4 点
单元大小/mm	36.7325
公差/mm	1.83663
网格品质	高
节点总数	16351
单元总数	8387
最大高宽比例	14.257
单元的高宽比例/%（小于 3）	48.4
单元的高宽比例/%（大于 10）	0.334

在 H 型钢的底座施加几何固定约束进行构件的固定。荷载垂直均匀分布在加载顶板上，钢结构设计规范构件的轴压比不宜超过 0.6，根据实际需求选取了最大轴压比的二分之一作为本文所加的荷载，则 $N = 0.3N_y = 0.3 \times 3560\text{kN} = 1068\text{kN}$（0.3：轴压比；$N_y$：构件全面屈服的荷载，可由直接强度法计算得到），其荷载与约束示意图如图 9-36 所示。

图 9-36　荷载与约束

在图 9-36 中上部箭头表示荷载的作用，其总作用力 $N = 1068\text{kN}$，通过加载顶板的截面面积 90000mm^2 将其换算为相应压力，其压力大小为 11.87MPa（N/mm^2）均匀垂直作用于加载顶板；底部约束标志表示对模型所施加的几何固定约束，通过施加几何固定约束限制构件整体的水平位移。

运用 Solid Works 软件，通过有限元计算得到相应的应力云图和位移云图，如图 9-37 和图 9-38 所示。

应力/N·m^{-2}

3.121e+008
2.861e+008
2.601e+008
2.341e+008
2.081e+008
1.821e+008
1.561e+008
1.301e+008
1.041e+008
7.812e+007
5.212e+007
2.612e+007
1.234e+005

→ 屈服力：3.150e+008

扫一扫看更清楚

图 9-37　应力分布

由图 9-37 可见在轴压比为 0.3 的压力作用下，构件受到的最小应力为 $1.234 \times 10^5 \mathrm{N/m^2}$，位于底板位置；最大应力为 $3.121 \times 10^8 \mathrm{N/m^2}$，位于顶端的腹板中部。而材料的屈服应力为 $3.15 \times 10^8 \mathrm{N/m^2}$，说明构件处在安全的稳定状态。受力主要集中在构件的顶部，而其余部分的应力分布比较均匀，符合设计规范的要求。

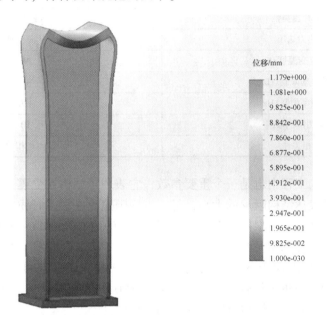

扫一扫看更清楚

图 9-38　位移分布

由图 9-38 了解到最大位移发生在顶板边缘上，位移量为 1.184mm；最小位移量为 0，底板及附近区域都没有发生变形。翼缘发生的是横向变形，腹板则是被压缩；在腹板变形中靠近翼缘的腹板区域变形较中间位置小，这说明了翼缘对腹板产生约束作用，有效限制腹板屈曲变形。

通过对构件的应力和位移分析，可以了解到钢柱在受到 0.3 轴压比的竖直方向上压力作用下，其最大的应力在材料的屈服应力范围内，位移（变形）量也比较小，这体现了构件在受力作用下处在一个弹性应变范围内，即稳定状态；符合设计的要求能在一般情况下正常使用。通过应力和位移云图对比，应力的大小和位移大小并不是简单的正比关系，比如构件顶部的翼缘应力小，但是位移却比有同等应力的底板边缘大得多，这说明翼缘和腹板之间有着密切的交互作用，这也是 H 型钢有着优越力学性能的原因之一。

9.4.2　H 型钢柱的抗震性能有限元分析

抗震模拟过程是在静应力分析的基础上加入地震波进行模拟的，所以在竖直方向上的荷载与静应力分析中的一样：垂直且均匀分布于加载顶板的压力 $N = 11.87 \mathrm{MPa}$（$\mathrm{N/mm^2}$）。

使用 Solid Works 软件打开模型装配体，运行一个无规则振动的"线性动力"的新算例，构件材料的属性及竖直载荷和构件的约束条件与静应力分析中的相同。根据地震过程中的特点编写相关算例属性，线性动力算例属性见表 9-7。

表 9-7　线性动力算例属性

分析类型	线性动态分析（无规则振动）
网格类型	实体网格
频率数	15
解算器类型	FFEPlus
热力选项	包括温度载荷
零应变温度/K	298
低频率限制/Hz	0
高频率限制/Hz	430
输出频率数	10
相关性	完全相关

阻尼比在钢结构工程中也是一个重要参数，它表现了结构在受震过程中振动的衰减形式。阻尼比可用于表达结构阻尼的大小，另一方面阻尼比在很多时候是衡量结构在振动过程中能量耗散的标准之一。根据《建筑抗震设计规范》（GB 50011—2010）第 8.2.2 条的规定，钢结构抗震计算的阻尼比需符合下列规定：（1）多遇地震下的计算，高度不大于 50m 时可取 0.04，高度大于 50m 且小于 200m 时可取 0.03，高度不小于 200m 时宜取 0.02。（2）罕遇地震下的弹塑性分析，阻尼比可取 0.05。所以选取了阻尼比为 0.04 作为 H 型钢的抗震性能研究，在模拟过程中编写到算例中。

与静应力分析相比较抗震分析对构件增加了一个无规则的动态受力来模拟地震的一般情景。模拟计算出构件在地震作用后的内部应力情况和位移变形。

通过构件的抗震有限元计算得出构件的内部应力最大为 $3.137 \times 10^8 \, N/m^2$，最小为 $4.956 \times 10^3 \, N/m^2$；最大应力在材料屈服应力之下。从图 9-39 中了解到最大的应力分布在构件中部靠近腹板的翼缘上，不仅仅是最大应力分布于此，大部分应力都集中在这个位置周围；从另一方面观察到腹板受到的应力与翼缘相比较非常小，这说明了翼缘是 H 型钢中抵挡弯矩的主要部件。

在图 9-40 中可以看出构件的变形都发生在翼缘上，在水平 Y 轴方向最大的位移为 1.64mm，虽然应力还未达到材料的屈服应力，但是变形相对较严重了。这很容易造成翼缘在应力未达到极限屈服应力的情况下而发生局部的失稳现象，这会使得整个构件的承载能力下降，在服役过程中逐渐遭到破坏。这一现象也是 H 型钢柱的设计特点，H 型钢构件整体失稳破坏是需要一定时间的过程，不是瞬间破坏崩塌，这样给工作者一个反应的时间进行更换或修改加固。

钢柱的抗震性能分析通过图 9-39 和图 9-40 可以明显观察到应力和位移都集中分布在构件中部翼缘上，这充分表明了翼缘是 H 型钢柱的抵抗弯矩和消散地震的主要构件。而当翼缘发生局部屈曲后腹板依旧没有受到影响而发生变形，表明了翼缘即使在发生了较大的变形后也可以为腹板提供约束，限制其屈曲变形。

9.4.3　H 型钢抗震性能优化

由以上计算得知在地震作用下 H 型钢柱的主要受力构件和产生变形构件都是中间部位

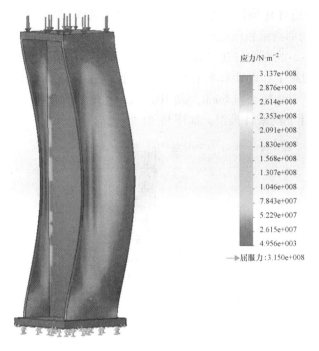

应力/N·m⁻²

3.137e+008
2.876e+008
2.614e+008
2.353e+008
2.091e+008
1.830e+008
1.568e+008
1.307e+008
1.046e+008
7.843e+007
5.229e+007
2.615e+007
4.956e+003

→屈服力：3.150e+008

图 9-39　抗震模拟应力

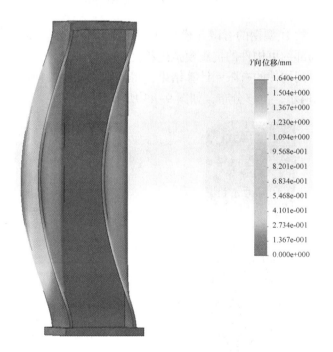

Y向位移/mm

1.640e+000
1.504e+000
1.367e+000
1.230e+000
1.094e+000
9.568e-001
8.201e-001
6.834e-001
5.468e-001
4.101e-001
2.734e-001
1.367e-001
0.000e+000

图 9-40　抗震模拟位移分布

扫一扫看更清楚

的翼缘，使得翼缘发生局部的屈曲而失稳。了解这一特点后为了改善翼缘的局部屈曲，通过对悬梁臂加上横向的局部约束，限制翼缘的位移。采用钢环作为约束件对构件进行局部的约束，另一方面为了减缓钢环过早地参与工作对构件起作用，在钢环与构件之间留下 2mm 的空隙，并在钢环的转角与 H 型钢的边角进行焊接，使约束件有效地固定在 H 型钢柱上。

对 H 型钢柱的局部约束目的是限制构件在地震作用下局部屈曲的产生致使结构遭到破坏，也就意味着它并不改变构件在一般情况下的力学性能；另一方面采用钢环的外包约束对整体钢结构工程的施工和设计基本上不产生影响，且该工艺实施也非常简单和快捷。

对于外包钢环本书选择了厚 6mm，高 100mm，具体情况根据 H 型钢柱进行预制。通过 Solid Works 软件建立约束件模型，如图 9-41 所示。

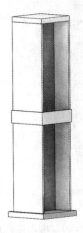

图 9-41　局部约束 H 型钢柱模型

施加了局部约束的 H 型钢的有限元模拟计算与前部分内容所提的 H 型钢柱相同，在这里不再复述施加局部约束构件的抗震模拟过程。

通过地震模拟得到构件的有限元计算结果，得到构件在服役期间受到地震作用后的内部应力，如图 9-42 所示，位移分布，如图 9-43 所示。

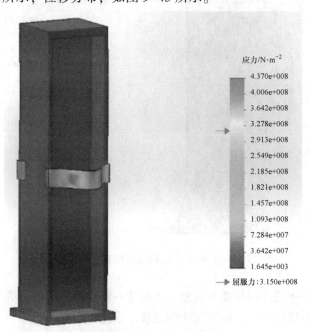

应力/N·m^{-2}
4.370e+008
4.006e+008
3.642e+008
3.278e+008
2.913e+008
2.549e+008
2.185e+008
1.821e+008
1.457e+008
1.093e+008
7.284e+007
3.642e+007
1.645e+003
→ 屈服力:3.150e+008

扫一扫看更清楚

图 9-42　局部约束钢柱应力

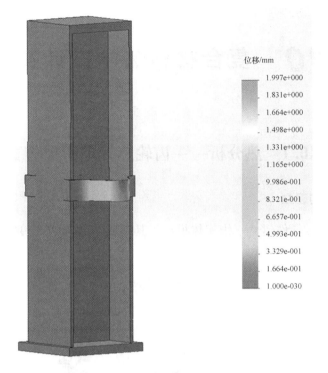

位移/mm

1.997e+000
1.831e+000
1.664e+000
1.498e+000
1.331e+000
1.165e+000
9.986e-001
8.321e-001
6.657e-001
4.993e-001
3.329e-001
1.664e-001
1.000e-030

扫一扫看更清楚

图 9-43　局部约束钢柱位移

从图 9-42 局部约束钢柱应力云图中了解到构件在地震作用后内部最大应力为 $4.37\times10^8\mathrm{N/m^2}$，其最大应力位于约束件与钢柱焊接边界的钢环上；最小应力为 $1.645\times10^3\mathrm{N/m^2}$。由图 9-43 可知构件最大合位移为 1.997mm，最小为 0.00mm。从应力和位移云图中可以明显地看出在地震作用下构件的应力和位移最大值都集中于钢环约束件上，这正是预期的理想结果。

由此可以看出施加了局部约束的 H 型钢柱在地震作用下其应力和位移都集中于约束件上，而钢柱本身受到地震的影响比较小，悬臂梁内部应力与材料屈服应力相差非常大，且变形也非常小，这充分说明了该构件抗震性能的优越性。虽然约束件在地震的作用下严重屈服，但是它极大地限制了钢柱的屈曲以至于不受地震破坏，使钢柱在地震中依旧保持着极好的承载能力，提高了钢结构的抗震性能。另一方面在地震中受到破坏的主要是约束件本身，所以后期的修缮工作也非常便捷，只需重新检测后焊接相应的约束件即可；这极大地提高了工作效率，同时也减少成本的投入。

与普通 H 型钢柱相比，未施加局部约束的 H 型钢柱在地震作用下应力与变形都集中于翼缘中使翼缘产生局部屈曲，产生局部屈曲意味着整体构件承载力的下降，最终遭到破坏；而施加了局部约束后，在未施加局部约束的钢柱中出现的情况转移到了约束件上，最终约束件严重屈服遭到破坏，虽然约束件与钢柱之间有着复杂的交互作用，但是约束件的屈服破坏对钢柱整体的影响不大，即钢柱保持着在一般情况下（未发生地震）原本的承载能力。这说明了对 H 型钢柱施加局部约束以达到提高其抗震性能是可行且非常有效的。

10　复合材料热学设计实例

10.1　热分析——齿轮热处理模拟仿真

10.1.1　齿轮模型的建立

应用 Solid Works 软件建立三维实体模型，其参数齿数为 36，变位系数为 0，压力为 α。所建的模型如图 10-1 所示。

扫一扫看更清楚

图 10-1　齿轮模型

10.1.2　温度场参数的设置

打开 Solid Works 中的插件 simulation，打开新算例，选用热力分析，并命名为热力 1，在热力 1 中编辑属性，本书中所研究的热处理过程的温度是随着时间的变化而变化的，将热处理的属性选择瞬态，设置整个模拟过程总的时间量（O）和时间增量（M）。算例的属性如表 10-1 所示。

表 10-1　算例的属性

名　称	内　容	名　称	内　容
算例名称	热力 1	求解类型	瞬时
分析类型	热力（瞬时）	总时间/s	17400
网格类型	实体网格	时间增量/s	100
解算器类型	FFEPlus	接触阻力已定义	否

10.1.3 齿轮材料的应用

在热力 1 中添加齿轮的材料属性，点击运用编辑/材料按钮在材料数据库中选择 20MoCr3 为齿轮的材料。表 10-2 中所示为 20MoCr3 的属性参数。

表 10-2 20MoCr3 合金钢齿轮的属性

属 性	数 值
弹性模量/N·m^{-2}	2.1×10^{11}
抗剪模量/N·m^{-2}	7.9×10^{10}
质量密度/kg·m^{-3}	7800
张力强度/N·m^{-2}	900825984
屈服强度/N·m^{-2}	295593984
热膨胀系数/K^{-1}	1.1×10^{-5}
热导率/W·m^{-1}·K^{-1}	14
比热/J·kg^{-1}·K^{-1}	440

10.1.4 热处理中载荷加载

热载荷需要加载对流和初始温度，对流是一个复杂的参数，会受很多因素的影响，对于结果的精准有很大的影响。在整个热处理过程中，零件会存在着温度差，所以设置对流参数的时候选择所有敞开面。

经过经验数据对流的设定参数值为 500W/（m²·K）。初始温度设置为 20℃，整个工件的热处理过程随温度的变化而变化，但是热处理开始在一个室温环境下进行，因此将初始温度设置为室温。

10.1.5 工艺参数的添加

本书对预热、渗碳、淬火、回火、空冷的热处理工艺得到的齿轮温度变化云图进行分析，其根据齿轮现实生产的实际参数设定的参数见表 10-3，热处理工艺过程如图 10-2 所示。

表 10-3 热处理工艺参数

参数	预热	渗碳	淬火	回火	空冷
温度/K	820	1113	372	550	293
时间/s	1800	9000	10200	13800	17400

10.1.6 有限元网格的划分

对零件的网格划分时，选用实体网格类型，可以对零件设置不同质量的网格。本书中的齿轮模型节点总数为 17456，单元总数为 10686。有限元划分模型如图 10-3 所示。

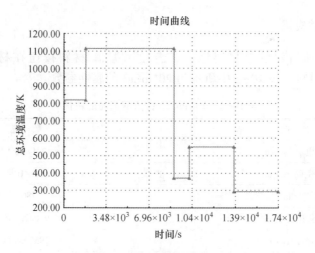

图 10-2　热处理工艺过程

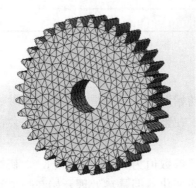

扫一扫看更清楚

图 10-3　有限元划分模型

10.1.7　热处理过程模拟分析

在设计所有参数之后，对热力 1 进行运行，即可得出温度场模拟的求解。通过对齿轮的温度变化图分析得到结果。Solid Works 经过计算得到最终温度分布云图，如图 10-4 所示。

由图 10-4 可知在最终的温度分步云图中整个齿轮温度分布均匀，并且达到了室温的温度。下面通过分析不同时间的温度云图，可以知道温度场的变化规律。预热阶段的温度场变化将抽取时间为 300s、1800s 的较明显的温度云图进行比较分析，如图 10-5 和图 10-6 所示。

此过程为预热阶段齿轮的温度，随着时间的增加不断加热，通过温度云图可知齿轮的表面由于在最表层能较快的接触传热，齿轮孔有缝隙的存在则会令整个齿轮产生温度梯度。整个齿轮的最高温度分布在齿轮的边缘，而低温区则存在齿轮的中心部分，从选取步长的 300s 到 1800s，可以得知最小温度由 327℃ 到 547℃，最大温度由 516℃ 到 547℃。可知齿边缘温度受热较快，齿轮中心温度升温较慢，整个温度变化过程大的趋势是由边缘向齿轮中间不断增加。齿轮最高温度区域图与最低温度区域图如图 10-7 和图 10-8 所示。

名称	类型	最小	最大
热力1	步骤数:174(17400s)	2.930e+002Kelvin 节:1	2.930e+002Kelvin 节:1

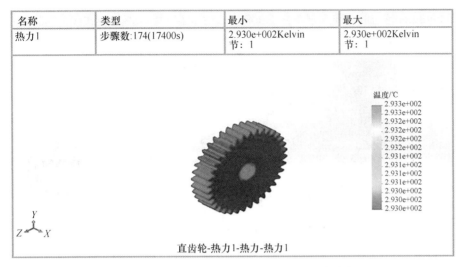

扫一扫看更清楚

图 10-4　齿轮最终温度分布

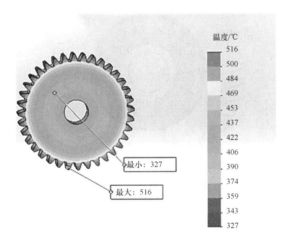

扫一扫看更清楚

图 10-5　时间为 300s 的温度场

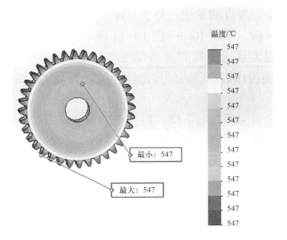

扫一扫看更清楚

图 10-6　时间为 1800s 的温度场

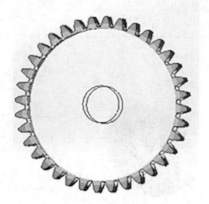

扫一扫看更清楚

图 10-7　最高温度区域

扫一扫看更清楚

图 10-8　最低温度区域

在渗碳的过程中，由于温度的不断增加，刚进入渗碳阶段的齿边缘温度增温较快，中心部分稍缓慢一些。

进入淬火阶段齿轮温度的变化，在设定的淬火条件时间内，抽取不同时间温度变化云图分析齿轮表面和齿轮中心温度的变化。分别对淬火过程中前期阶段、中期阶段、后期阶段的温度分布云图进行分析，如图 10-9～图 10-11 所示。

由齿轮淬火前期的温度场云图得知最小温度在齿轮的表面，表面温度值由渗碳温度840℃降低到 243℃，这跟齿轮表面最大的淬透性有关，符合实际的情况，齿轮的中心持续着 624℃的高温。

随着时间的延长，表面温度持续下降，但是表面温度降低的幅度很小，中心温度的降低幅度大，直到淬火的后期，温度逐渐在整个齿轮趋于均匀的状态。

根据温度云图，整个齿轮淬火时的温度分布是由齿轮中心不断的向齿轮的边缘降低。在一定的阶段，齿轮表面温度降低的幅度要比齿轮中心温度降低的幅度小，在后期阶段整个齿轮的温度区域均匀。

进行淬火后的齿轮继续升温进行回火工艺的热处理，同样抽取不同时间下的温度云图进行分析。不同时间温度图如图 10-12～图 10-15 所示。时间为 10200s 和 10300s 的温度

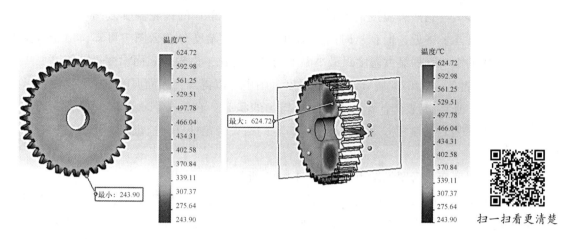

扫一扫看更清楚

图 10-9 齿轮淬火初始阶段的温度

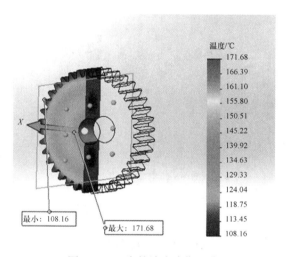

扫一扫看更清楚

图 10-10 齿轮淬火中期温度

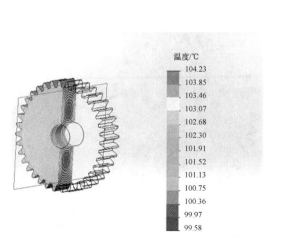

扫一扫看更清楚

图 10-11 齿轮淬火后期温度

云图表示齿轮淬火转到回火温度的变化图，从时间为 10200s 的齿轮温度云图可知，最大温度跟最小温度几乎接近，但在从时间为 10300s 的齿轮温度分布云图中可知，由于升温回火，最直接的影响就是最大温度跟最小温度的位置变化，齿轮的表面温度迅速提高，中心温度升得比较慢，从 10700s、11500s 的温度云图中可以得知，表面温度跟中心温度的差值一直在缩小，直到出现整个齿轮温度趋于均匀的状态，在整个回火的时间段，在时间 11500s 出现整个齿轮温度相差不大，说明了齿轮的回火稳定性好，这也跟齿轮的材料有一定的关系。

空冷工艺温度变化云图如图 10-16～图 10-19 所示。

由图 10-16～图 10-18 可知，进入空冷阶段齿轮温度迅速降低到 40℃，整个齿轮温度的分布也还是中心向齿轮的外围不断地降低，经过对比这几个图得知中心温度降低得较快，表面温度降低的幅度较小，两者的温度相差不大，经过整个热处理过程，齿轮空冷至室温并温度均匀。

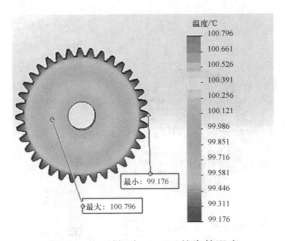

扫一扫看更清楚

图 10-12　时间为 10200s 的齿轮温度

扫一扫看更清楚

图 10-13　时间为 10300s 的齿轮温度

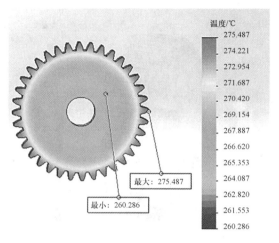

扫一扫看更清楚

图 10-14　时间为 10700s 的齿轮温度

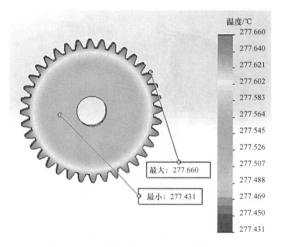

扫一扫看更清楚

图 10-15　时间为 11500s 的齿轮温度

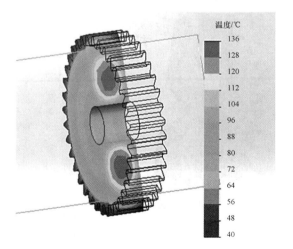

扫一扫看更清楚

图 10-16　时间为 14000s 的温度

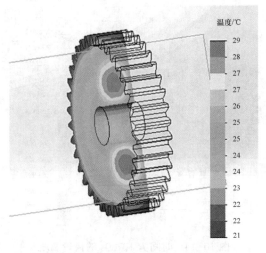

扫一扫看更清楚

图 10-17　时间为 14500s 的温度

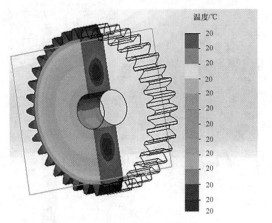

扫一扫看更清楚

图 10-18　时间为 15000s 的温度

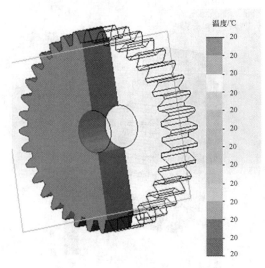

扫一扫看更清楚

图 10-19　时间为 17400s 的温度

本节用Solid Works软件对齿轮热处理进行模拟分析,通过分析不同阶段的温度云图得到温度场的分布规律,预热和渗碳阶段由于不断地加热,齿轮表面温度向齿轮中心不断地提高,在淬火阶段中心温度不断向外围递减,回火阶段,齿轮表面温度迅速提高,中心温度提高较慢,但很快处于温度均匀的状态。空冷阶段中心温度的降低幅度较大,直至整个齿轮空冷至室温。

10.2　热/力耦合——转炉炉壳热应力场模拟仿真

10.2.1　模型建立

应用Solid Works软件根据图纸建立转炉模型(见图10-20),模型中包含了炉壳(见图10-21)、耐火材料内衬(见图10-22)、出钢口(见图10-21)、耳轴(见图10-23)

扫一扫看更清楚

图10-20　转炉炉壳装配体模型

扫一扫看更清楚

图10-21　包含出钢口的转炉炉壳

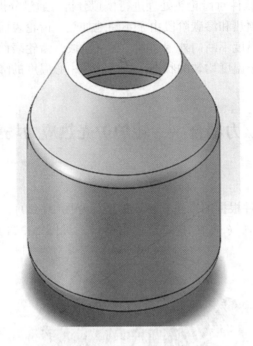

扫一扫看更清楚

图 10-22　耐火材料内衬

扫一扫看更清楚

图 10-23　耳轴

等部件。炉体结构是一个以中心线为轴的回旋对称结构，外部支撑结构对实验结果基本没有影响，在计算中对模型进行了简化，省略了外部支撑结构。

10.2.2　参数设置

根据实际情况选择炉壳材料为低碳钢，内衬材料为镁碳砖，转炉材料由于 Solid Works 的材料库中没有定义，需要自行定义，转炉材料性能参数见表 10-4。

表 10-4　转炉材料性能

屈服强度 /N·m⁻²	张力强度 /N·m⁻²	弹性模量 /N·m⁻²	泊松比	质量密度 /kg·m⁻³	抗剪模量 /N·m⁻²	热膨胀系数 /K⁻¹
2.21×10^8	3.99×10^8	2.1×10^{11}	0.28	7800	7.9×10^{10}	1.3×10^5

转炉炉壳热应力场的数值模拟是以稳态来计算的，温度场的计算结果作为应力场的载荷，模拟过程忽略了空气流动的影响，其边界条件为：

（1）设定转炉内铁水的温度分别为 1380℃、1580℃，内部空气温度分别为 800℃、1000℃，环境温度分别为 400℃、450℃。

（2）与空气接触的外表面需要加载对流系数。内表面对流系数为 20W/(m²·K)，外表面对流系数为 50W/(m²·K)。

（3）铁水量为容积的 65%。

（4）忽略辐射。

10.2.3　结果分析

参数设置好，划分网格后运行算例，得到的温度场结果如图 10-24~图 10-27 所示。

从图 10-24 和图 10-25 中可以很清楚地看出转炉炉壳的温度场分布情况，有高温区域，有低温区域，其温度梯度依次递减。为了能够看到转炉内部的温度分布情况，需要对其进行解剖数值展示，如图 10-26 和图 10-27 所示。

从图中可以清楚地看到转炉内部的温度场分布情况，其中最高的温度点为铁水液面接触的内衬底部，为 1653K 和 1853.5K，最低温度点为转炉外部的炉顶处，为 753K 和 769K，

温度/℃
- 1.653e+003
- 1.578e+003
- 1.503e+003
- 1.428e+003
- 1.353e+003
- 1.278e+003
- 1.203e+003
- 1.128e+003
- 1.053e+003
- 9.781e+002
- 9.031e+002
- 8.281e+002
- 7.531e+002

最小：7.531e+002

最大：1.653e+003

扫一扫看更清楚

图 10-24　1380℃温度场分布

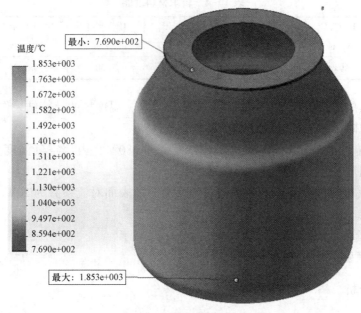

图 10-25　1580℃温度场分布

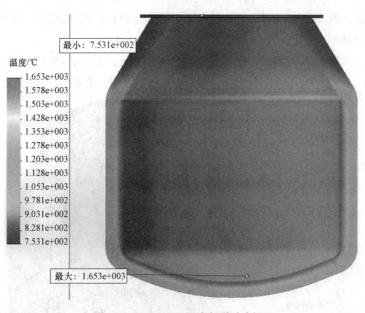

图 10-26　1380℃温度场分布剖面

两个温度场炉壳外表面温度都在 450℃附近，从两个铁水温度不同的转炉炉壳的温度分布情况来看，炉壳温度分布都合理，与实际转炉工作情况相符。

　　由图 10-28 和图 10-29 可以看出在相同材料和换热系数两种情况下最高温度都在炉底，最低温度则在对流条件更好的炉口。炉内铁水温度为 1380℃情况下，炉壁温度到达 1573.5K 的厚度要比炉内铁水温度为 1580℃情况下的厚度小，由此可说明更高温度对转炉内衬腐蚀损耗更为明显，在设计转炉时可以考虑使用耐高温腐蚀和导热系数更小的耐火材料。

扫一扫看更清楚

图 10-27　1580℃温度场分布剖面

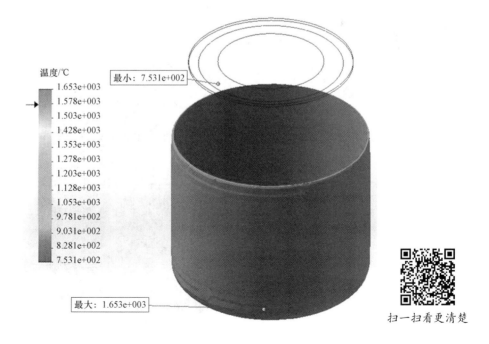

扫一扫看更清楚

图 10-28　1380℃温度场状态下 1573.5K ISO 数值

温度/℃
- 1.853e+003
- 1.763e+003
- 1.672e+003
- 1.582e+003
- 1.492e+003
- 1.401e+003
- 1.311e+003
- 1.221e+003
- 1.130e+003
- 1.040e+003
- 9.497e+002
- 8.594e+002
- 7.690e+002

最小：7.690e+002

最大：1.853e+003

扫一扫看更清楚

图 10-29　1580℃温度场状态下 1573.5K ISO 数值

将温度场的计算结果作为应力场的载荷对转炉炉体进行模拟计算，得到的结果如图
10-30~图 10-33 所示。

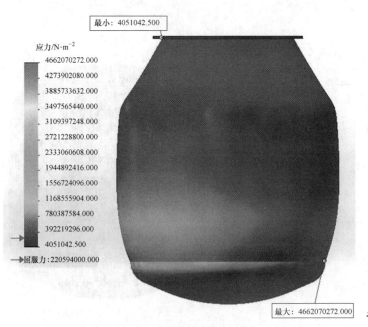

应力/N·m⁻²
- 4662070272.000
- 4273902080.000
- 3885733632.000
- 3497565440.000
- 3109397248.000
- 2721228800.000
- 2333060608.000
- 1944892416.000
- 1556724096.000
- 1168555904.000
- 780387584.000
- 392219296.000
- 4051042.500

屈服力：220594000.000

最小：4051042.500

最大：4662070272.000

扫一扫看更清楚

图 10-30　1380℃温度场下热应力

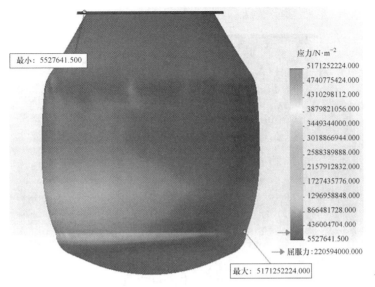

扫一扫看更清楚

图 10-31   1580℃温度场热应力

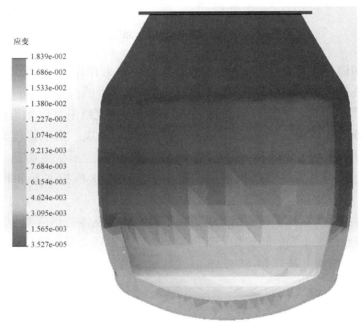

扫一扫看更清楚

图 10-32   1380℃温度场热应变

　　热应力是由温度变化引起的应力，相同的材料温度不同所受的应力也不同。由图 10-30 和图 10-31 可以看出在相同材料和换热系数下，1580℃温度场的热应力更大，炉壳温度更高，热变形也会加剧，热应力最大值均在炉身托圈位置，托圈部位会受应力发生蠕变，如果形变过大会导致炉壳与托圈卡死，直接影响设备安全运行。由应力分析结果可以对转炉设计改进提供思路和依据，在转炉设计中可以对转炉炉壳实施冷却，以控制由于温度升高引起的转炉炉壳变形，可以有效降低热应力，延长转炉使用寿命。

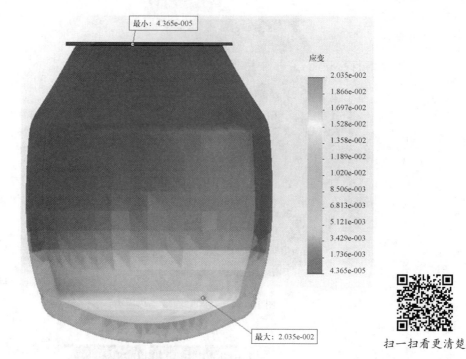

扫一扫看更清楚

图 10-33　1580℃温度场热应变

机械零件和构件等物体内任一点（单元体）因外力作用引起的形状和尺寸的相对改变，由于热负荷产生的热应力不均，导致转炉炉壳发生的应变也不同。通过图 10-32 和图 10-33 两个相同材料和换热系数，不同温度场的应变结果可以知道应变最大值都出现在转炉与托圈接触位置，这种分布情况与应力分布相对应。由于温度升高，导致炉壳材料的屈服强度极限明显下降，同时也导致炉壳工作中发生形变更明显。分析出发生形变的位置，通过技术手段尽量杜绝变形的发生，这是本次模拟实验和理论计算的主要目的。

在相同材料和换热系数，不同温度场情况下转炉炉体整体的热应变分布趋势相似。虽然温度场不同导致两个不同的转炉相同部位受的热应力不同，但是热应力对转炉的影响趋势是相似的，是由内而外从低到高的分布。这样的应力分布结果可以对转炉设计和改进提供数据支持。

10. 2. 4　结果与探讨

本模拟使用 Solid Works 软件，建立一个 120t 转炉炉壳模型，对其进行热应力有限元分析。模拟转炉的工装状况是炉衬没有磨损，转炉使用初期的稳态温度场为计算热负荷，同时转炉炉体结构以及冶炼过程中的热负荷分布可以看成是轴对称，因此本次计算和分析使用的转炉均为去除出钢口、耳轴、倾动结构后的简化模型，把转炉简化为轴对称体进行分析，得到的转炉炉壳表面温度以及内部温度与实际工作的实测温度相符合，热应力和热形变也分布合理。

这也证明了使用 Solid Works 对转炉进行温度场的有限元模拟和热应力分析方法是正确

和有效的探究。通过本次模拟可以为转炉设计参数的制定和转炉现场使用提供可靠的数据依据，同时也为更进一步对转炉热应力和热变形进行计算和分析，为转炉设计奠定基础。

10.2.5 总结

转炉是由炉衬和炉壳为主要结构组成的一个复合结构。目前国内外的钢主要由转炉生产，而转炉的寿命将会直接影响钢厂的成本和生产效率，转炉的寿命取决于转炉所受到的应力水平。转炉的应力是由热负荷产生的热应力和机械负荷引起的应力组成，因为机械负荷引起的应力在整个应力中占有比重较小，所以本次模拟的主要内容为热应力计算。

在整个炉壳上，热应力和应变的最大值均在转炉的炉底和转炉与托圈接触位置，托圈位置存在最大热应力主要是由于法兰限制了受热炉壳的变形，炉内热应力是由于冶炼过程中温度分布不均引起的。

用热力理论与具体的有限元软件 Solid Works 相结合的方法，通过建立数字模型和有限元模型模拟实际的转炉炉壳工作状态，综合转炉结构特点、转炉炉壳材料性质和温度对材料物理性质的影响，计算得到转炉炉壳内部温度场和内部应力大小分布，这是用测试法所不能够得到的数据，是研究转炉结构性能的有效方法。

本模拟只考虑转炉初期炉衬未磨损的运行状态，在转炉服役的中期和后期，由于炉衬腐蚀损耗，炉壳温度也会增加，这种情况在设计中应该引起重视。同时可以考虑不同外壳材料和不同耐火材料内衬的组合以及改变炉壳外表面对流条件，比如汽雾冷却，循环通水和加快对流等因素对炉壳热应力的影响。

11 铝电解槽电/磁耦合场分析

本章将在铝电解槽三维静态物理模型的基础上，应用 ANSYS 分析软件建立原阴极铝电解槽和异型阴极结构铝电解槽三维电磁场的仿真模型，对其电磁场进行对比分析。

11.1 模型建立

11.1.1 物理模型

如图 11-1 所示，现代预焙阳极铝电解槽电磁场物理模型主要包括阳极装置、阴极装置、母线装置和槽罩等部分。阳极装置主要由阳极炭块、阳极钢棒组成，阳极钢棒被夹具固定在阳极母线上，或者夹在母线梁下方的钢架上；阴极装置采用长方形刚体槽壳，外壁和槽底采用型钢加固；在槽壳之内砌筑保温层和炭块；阴极炭块组是由阴极炭块（图 11-1 上所示的底部炭块）和埋设在炭块内的阴极钢棒构成。当电解槽运行的时候，直流电由阳极导杆导入电解槽，经过阳极钢棒进入阳极炭块，通过电解质和铝液层，然后经过阴极炭块由阴极钢棒导出电解槽。

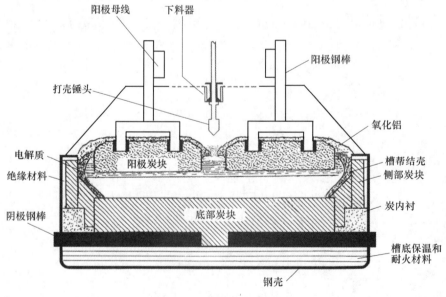

图 11-1　预焙阳极电解槽

由于铝电解槽的结构非常复杂，并且体积很庞大，因此在计算处理中必须进行适当的物理简化，对一些结构进行几何化处理，才能得到真正分析处理所需的模型：

（1）把阴极炭块组作为一大块阴极进行建模。

（2）把圆倒角作为直倒角来处理。

再结合铝电解槽的对称性，只选取单个槽体的1/2作为分析的模型。对于计算电磁场而言，只需要考虑其导电部分，包括阳极钢棒、阳极炭块、电解质、铝液、阴极炭块、阴极钢棒，并且在建模时忽略其影响较小的因素，就可以得到计算所用的模型。表11-1是某厂160kA预焙铝电解槽与电磁场模拟相关的参数。

表 11-1 电解槽部分结构及工艺技术参数

参 数	参数值（原阴极）	参数值（异型阴极结构）
设计电流强度/A	160000	160000
阳极电流密度/A·cm^{-2}	0.694	0.694
阳极炭块尺寸（长×宽×高）/mm×mm×mm	1450×660×450	1450×660×450
阳极炭块组数	24	24
阴极炭块尺寸（长×宽×高）/mm×mm×mm	3180×515×450	见图 11-2
阴极炭块组数	16	16
钢爪深度/mm	100	100
铝液的高度/mm	190	230（最高处） 80（最低处）
电解质的高度/mm	190	180
极距/mm	53	39
钢壳尺寸（长×宽×高）/mm×mm×mm	9800×4350×1350	9800×4350×1350
槽电压/V	4.2	3.75

异型阴极结构的每个阴极炭块的上表面有若干规律分布的凸起，其尺寸如图11-2（a）所示。以这样的异型阴极结构炭块代替传统的阴极炭块后，就会在铝电解槽槽腔的阴极底表面上形成很多其断面为倒凸形的沿阴极炭块长度方向上，与铝电解槽纵向相垂直的"沟"。

在图11-2模型的基础之上，用空气实体把它们包围起来建立如图11-3和图11-4所示的物理模型。

图11-3所示为1/2原阴极铝电解槽物理模型，图11-4所示为1/2异型阴极结构铝电解槽物理模型，X轴为长轴方向，由出铝端（TE）指向烟道端（DE），Y轴为短轴方向，由进电侧（B侧）指向出电侧（A侧），Z轴向上为正，向下为负。

11.1.2 数学模型

铝电解槽的电磁场仿真为稳态分析，三维静态磁场分析方法有：标量势法（scalar method）、矢量势法（vector method）和单元边法（edge-based method）。当模型有铁区存在时，因为单元边法中使用的单元 SOLID117 的节点自由度矢量磁势 A 是沿单元边切向积分的结果，SOLID117 通过拓扑关系考虑了节点与单元边的关系，此方法可求解大多数的

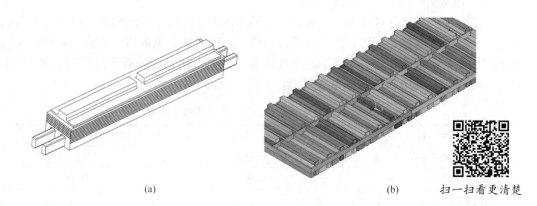

(a)　　　　　　　　　　　　　　　　　　(b)　　　扫一扫看更清楚

图 11-2　异型阴极结构示意图

（a）单块阴极；（b）整块阴极物理模型

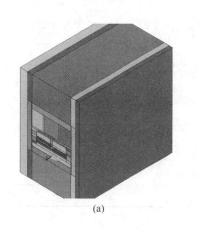
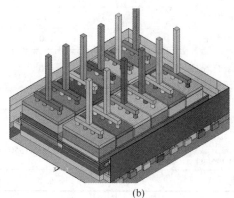

(a)　　　　　　　　　　　　　　　(b)　　　　扫一扫看更清楚

图 11-3　原阴极铝电解槽电磁场物理模型（1/2 模型）

（a）物理模型；（b）物理模型（未显示空气包）

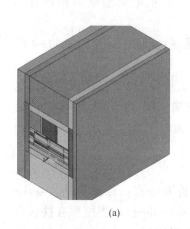
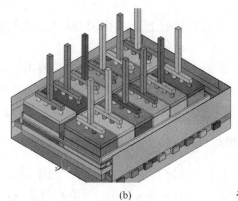

(a)　　　　　　　　　　　　　　　(b)　　　　扫一扫看更清楚

图 11-4　异型阴极结构铝电解槽电磁场物理模型（1/2 模型）

（a）物理模型；（b）物理模型（未显示空气包）

实际问题，比标量势法和矢量势法更准确有效，所以本书选用了精度较高的单元边法。

单元边法的磁场计算公式：

$$\{A^Z\}^{\mathrm{T}}([K^{ZZ}]\{A^Z\} + [K^{ZV}]\{\nu_e\} + [C^{ZZ}]\mathrm{d}/\mathrm{d}t\{A^Z\} + [C^{ZV}]\mathrm{d}/\mathrm{d}t\{\nu_e\} - \{J^Z\}) = 0$$

$$(11-1)$$

$$\{\nu_e\}^{\mathrm{T}}([K^{VZ}]\{A^Z\} + [K^{VV}]\{\nu_e\} + [C^{VZ}]\mathrm{d}/\mathrm{d}t\{A^Z\} + [C^{VV}]\mathrm{d}/\mathrm{d}t\{\nu_e\} - \{l^t\}) = 0$$

$$(11-2)$$

式中：

$$[K^{ZZ}] = [T^R]^{\mathrm{T}}[K^{AA}][T^R] \qquad (11-3)$$

$$[K^{ZV}] = [T^R]^{\mathrm{T}}[K^{AV}] \qquad (11-4)$$

$$[C^{ZZ}] = [T^R]^{\mathrm{T}}[C^{AA}][T^R] \qquad (11-5)$$

$$[C^{ZV}] = [T^R]^{\mathrm{T}}[C^{AV}] \qquad (11-6)$$

$$\{J^Z\} = [T^R]^{\mathrm{T}}\{J^A\} \qquad (11-7)$$

$$\{J^A\} = \int_{vol}\{J_S\}[N_A]^{\mathrm{T}}\mathrm{d}(vol) + \int_{vol}(\nabla \times [N_A]^{\mathrm{T}})^{\mathrm{T}}\{H_C\}\mathrm{d}(vol) \qquad (11-8)$$

$$\nabla T = \left[\frac{\partial}{\partial x} + \frac{\partial}{\partial y} + \frac{\partial}{\partial z}\right] \qquad (11-9)$$

$$\{\nu_e\} = \frac{1}{3}\mathrm{tr}[\nu] = \frac{1}{3}(\nu(1,1) + \nu(2,2) + \nu(3,3)) \qquad (11-10)$$

$$\{l^t\} = \int_{vol}\{J_t\}[N_A]^{\mathrm{T}}\mathrm{d}(vol) \qquad (11-11)$$

$$[K^{VZ}] = [K^{VA}][T^R] \qquad (11-12)$$

$$[C^{VZ}] = [C^{VA}][T^R] \qquad (11-13)$$

式中　$\{A^Z\}$ ——节点单元边自由度；

$[T^R]$ ——转换矩阵，用于计算刚度、阻尼矩阵和 SOLID117 的载荷矢量；

$[K^{AA}]$ ——磁矢量刚度矩阵；

$[K^{AV}]$ ——电压–磁刚度矩阵；

$[C^{AA}]$ ——磁矢量阻尼矩阵；

$[C^{AV}]$ ——磁–电压阻尼矩阵；

$\{J_S\}$ ——源电流密度矢量；

$[N_A]$ ——与 A 有关的单元形状矩阵；

　vol ——单元体积；

$\{H_C\}$ ——矫顽力矢量；

$[\nu]$ ——磁阻率矩阵；

$[K^{VA}]$ ——磁–电压刚度矩阵；

$[K^{VV}]$ ——电压刚度矩阵；

$[C^{VA}]$ ——电压–磁阻尼矩阵；

$[C^{VV}]$ ——电压阻尼矩阵；

$\{J_t\}$ ——总的电流密度矢量。

铝电解槽中导电过程的微分方程为

$$\frac{\partial}{\partial x}\left(\frac{1}{\rho_x}\frac{\partial V}{\partial x}\right)+\frac{\partial}{\partial y}\left(\frac{1}{\rho_y}\frac{\partial V}{\partial y}\right)+\frac{\partial}{\partial z}\left(\frac{1}{\rho_z}\frac{\partial V}{\partial z}\right)=0 \tag{11-14}$$

式中　ρ_x，ρ_y，ρ_z——材料三维方向的电阻率，$\Omega\cdot m$；

$\quad\quad\ V$——电位，V。

式（11-1）~式（11-13），结合式（11-14）加载适当的边界条件就可以获得唯一解。

11.1.3　有限元模型

通过物理建模，可以描述模型的几何边界，同时可以对单元的大小、数目以及形状进行控制，然后在该实体模型的基础之上进行网格划分，从而得到包含所有节点、单元、材料属性、实常数、边界条件、载荷条件等的有限元模型。在对实体模型进行网格划分的过程中，对模型整体进行智能网格划分，由于各部分材料特性有所不同，不同的部分采取不同的网格划分控制，可以通过设定智能等级以及单元的大小来实现，对于我们关注的熔体部分（铝液与电解质）网格的划分应该密集些，而对于其他部分的划分，网格可相对稀疏一些，最终得到的有限元模型如图 11-5 和图 11-6 所示。

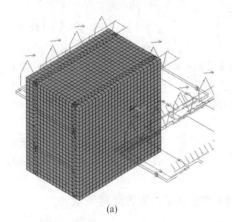
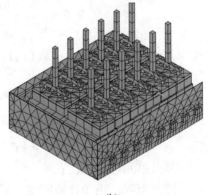

扫一扫看更清楚

(a)　　　　　　　　　　　　　　　　(b)

图 11-5　原阴极铝电解槽电磁场有限元模型（1/2 模型）

（a）有限元模型；（b）有限元模型（未显示空气包）

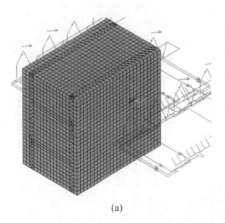
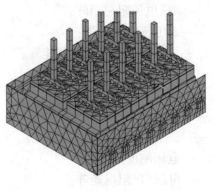

扫一扫看更清楚

(a)　　　　　　　　　　　　　　　　(b)

图 11-6　异型阴极结构铝电解槽电磁场有限元模型（1/2 模型）

（a）有限元模型；（b）有限元模型（未显示空气包）

图 11-5 所示为原阴极铝电解槽的有限元模型，单元总数为 62873，节点总数为 128213；图 11-6 所示为异型阴极结构铝电解槽的有限元模型，单元总数为 61972，节点总数为 125976。

11.1.4 单元类型和物性参数

本书在原阴极铝电解槽和异型阴极结构铝电解槽的电磁场仿真过程中，应用了 SOURC36 单元和 SOLID117 单元：

（1）SOURC36 单元——用于提供原电流数据的单元，需要事先定义几何尺寸，所有的母线都应用了该单元，如图 11-5 与图 11-6 所示的细线部分；

（2）SOLID117 单元——20 个节点磁场三维单元，其余组件都应用此单元。

由于电解槽本身结构复杂、体积庞大，并且用到的材料繁多，材料物理特性差别也较大，因此在对其进行简化和几何化建立模型的基础之上，在设定物理参数的时候，选取对计算电磁场有影响的材料进行设定，主要是材料电阻率和磁导率的设定。

随着对电解槽研究的逐步深入以及相关技术的不断完善，近年来，我国的研究者已经对国内铝电解用材料的电阻率进行了很多研究，并且从中也得到了日益准确的相关数据。根据这些研究成果可以得到本书用到的主要材料特性的一些数据，见表 11-2，列出了本书所应用到的电场计算参数。

表 11-2　电场计算参数

项目	阴极炭块	阴极钢棒	阳极炭块	阳极钢棒	电解质	铝导杆
电阻率/Ω·m	2.2×10^{-4}	7.78×10^{-7}	4.0×10^{-5}	2.34×10^{-7}	0.005	2.5×10^{-7}

11.1.5 边界条件

原阴极铝电解槽模型与异型阴极结构铝电解槽模型所加载的边界条件相同，均为：

（1）在阳极导杆上端面耦合节点上的电压自由度，在其中的任一节点处施加电流 80kA（1/2 铝电解槽施加总电流 160kA 大小的 1/2）。

（2）阴极钢棒出口处设为基准电位面。

（3）在空气包外表面加磁力线平行边界条件。

11.2　电磁场计算结果分析

将原阴极铝电解槽与异型阴极结构铝电解槽的电磁场结果由 1/2 模型扩展至全模型。

11.2.1　电场计算结果分析

实际槽内的电压包括电阻电压、极化电压、阳极效应分摊电压及体系外的能量损失电压。

极化电压是由于化学反应以及由此形成的反电势而引起的附加电压。影响极化电压值的因素很多，据测定，工业电解槽的极化电压差值很大，其范围是 1.2~1.8。极化电压：

$$E_{极化} = 4.241 - 0.147 \times (NaF 与 AlF 的分子比) - 0.0177 \times (\%Al_2O_3) +$$
$$0.027 \times (\%MgF_2) - 0.001 \times (\%CaF_2) - 0.0129 \times (\%NaCl) -$$
$$0.0195 \times (\%LiF) + 0.125 \times d_{阳} - 0.0022 \times t \qquad (11-15)$$

式中　$d_{阳}$——阳极电流密度，A/cm^2；

　　　t——电解温度，℃。

阳极效应是发生在阳极上的一种特殊现象，效应发生的状态及频率，是判断电解槽运行状况的标志，也是对电解工艺状况的反映。当电解质中氧化铝浓度降低 0.5%~1.0% 时，阳极从活化状态转为钝化状态，阳极电流密度增加，当超过临界值时，阳极效应就会发生。

工业上，阳极效应分摊的电压可按照式（11-16）来计算：

$$\Delta U_{效应} = K(U_{效应} - U_{槽})t/1440 \qquad (11-16)$$

式中　K——阳极效应系数，次/（槽·日）；

　　　$U_{效应}$——阳极效应发生时的槽电压，V；

　　　$U_{槽}$——平时的槽电压，V；

　　　t——阳极效应延续的时间，min；

　　　1440——每一天的分钟数。

由于电阻电压是铝电解槽热、电、磁、流场的主要决定因素，铝电解槽静态电场控制方程式（11-14）所求解的就是导体的电阻电压。

图 11-7~图 11-14 给出了原阴极铝电解槽与异型阴极结构铝电解槽的总电位分布（V）与各部分电位分布（V）；图 11-15~图 11-22 给出了原阴极铝电解槽与异型阴极结构铝电解槽的总电流密度矢量图和各部分电流密度矢量图。

由图 11-7~图 11-14 可以看出，原阴极铝电解槽与异型阴极结构铝电解槽的电位分布规律相似，基本为中心高，边缘低，从上至下递减。

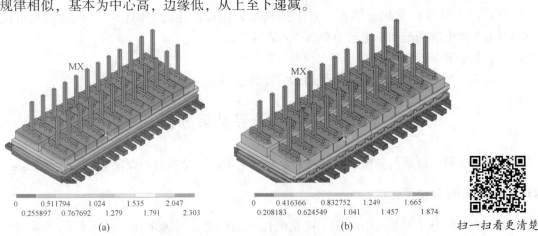

| 0 | 0.511794 | 1.024 | 1.535 | 2.047 |
| 0.255897 | 0.767692 | 1.279 | 1.791 | 2.303 |

(a)

| 0 | 0.416366 | 0.832752 | 1.249 | 1.665 |
| 0.208183 | 0.624549 | 1.041 | 1.457 | 1.874 |

(b)

扫一扫看更清楚

图 11-7　原阴极铝电解槽与异型阴极结构铝电解槽的总电位分布（V）

（a）原阴极铝电解槽的电位分布；（b）异型阴极结构铝电解槽的电位分布

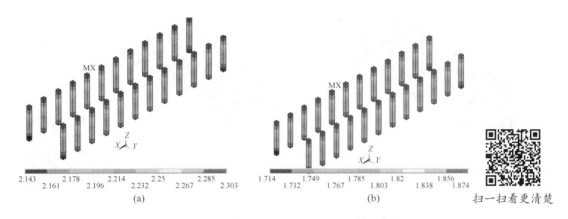

图 11-8　原阴极铝电解槽与异型阴极结构铝电解槽的阳极铝杆电位分布（V）

（a）原阴极铝电解槽阳极铝导杆电位分布；（b）异型阴极结构铝电解槽阳极铝导杆电位分布

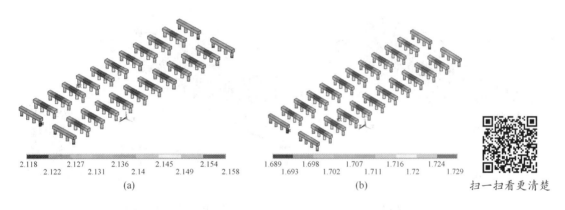

图 11-9　原阴极铝电解槽与异型阴极结构铝电解槽的阳极钢爪电位分布（V）

（a）原阴极铝电解槽阳极钢爪电位分布；（b）异型阴极结构铝电解槽阳极钢爪电位分布

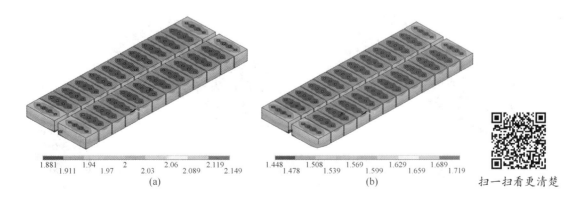

图 11-10　原阴极铝电解槽与异型阴极结构铝电解槽的阳极电位分布（V）

（a）原阴极铝电解槽阳极电位分布；（b）异型阴极结构铝电解槽阳极电位分布

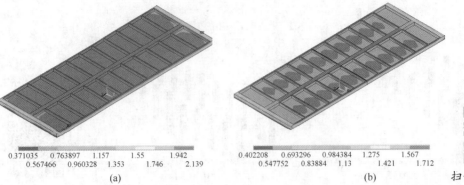

扫一扫看更清楚

图 11-11　原阴极铝电解槽与异型阴极结构铝电解槽的电解质电位分布（V）
（a）原阴极铝电解槽电解质电位分布；（b）异型阴极结构铝电解槽电解质电位分布

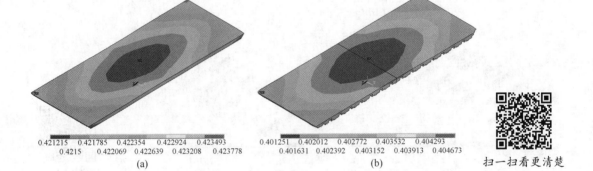

扫一扫看更清楚

图 11-12　原阴极铝电解槽与异型阴极结构铝电解槽的铝液电位分布（V）
（a）原阴极铝电解槽铝液电位分布；（b）异型阴极结构铝电解槽铝液电位分布

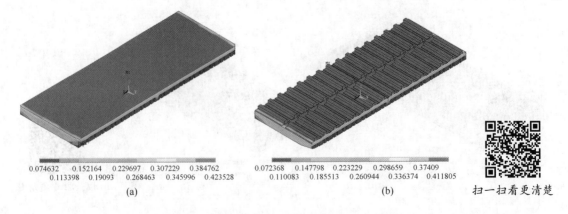

扫一扫看更清楚

图 11-13　原阴极铝电解槽与异型阴极结构铝电解槽的阴极电位分布（V）
（a）原阴极铝电解槽阴极电位分布；（b）异型阴极结构铝电解槽阴极电位分布

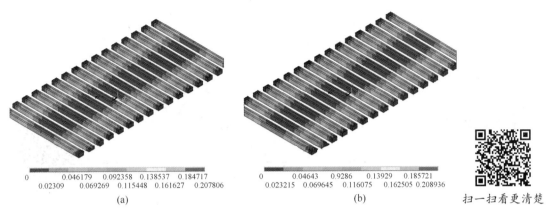

图 11-14　原阴极铝电解槽与异型阴极结构铝电解槽的阴极棒电位分布（V）

（a）原阴极铝电解槽阴极棒电位分布；（b）异型阴极结构铝电解槽阴极棒电位分布

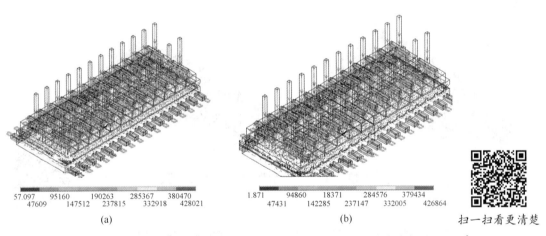

图 11-15　原阴极铝电解槽与异型阴极结构铝电解槽的总电流密度矢量（A/m²）

（a）原阴极铝电解槽的总电流密度；（b）异型阴极结构铝电解槽的总电流密度

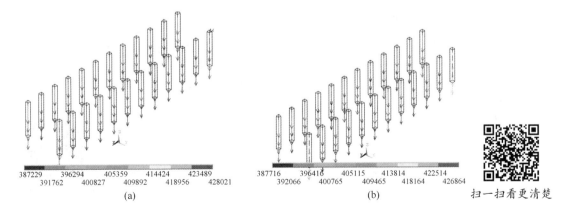

图 11-16　原阴极铝电解槽与异型阴极结构铝电解槽的阳极铝杆电流密度矢量（A/m²）

（a）原阴极铝电解槽阳极铝杆电流密度；（b）异型阴极结构铝电解槽阳极铝杆电流密度

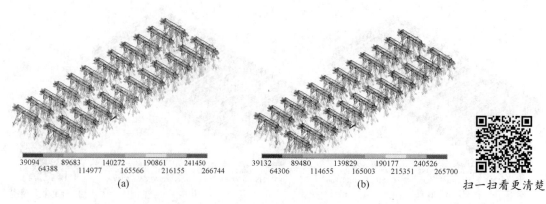

图 11-17　原阴极铝电解槽与异型阴极结构铝电解槽的阳极钢爪电流密度矢量（A/m²）

（a）原阴极铝电解槽阳极钢爪电流密度；（b）异型阴极结构铝电解槽阳极钢爪电流密度

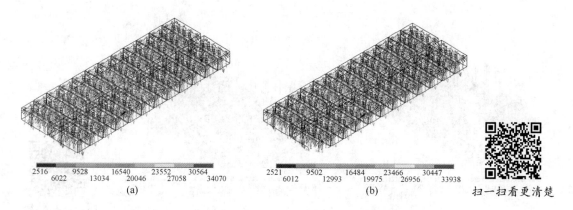

图 11-18　原阴极铝电解槽与异型阴极结构铝电解槽的阳极电流密度矢量（A/m²）

（a）原阴极铝电解槽的阳极电流密度；（b）异型阴极结构铝电解槽的阳极电流密度

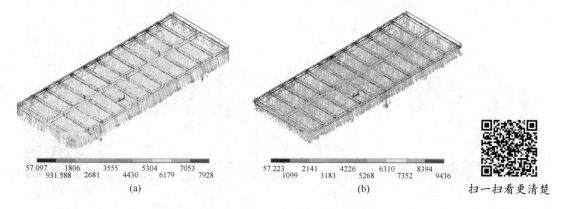

图 11-19　原阴极铝电解槽与异型阴极结构铝电解槽的电解质电流密度矢量（A/m²）

（a）原阴极铝电解槽的电解质电流密度；（b）异型阴极结构铝电解槽的电解质电流密度

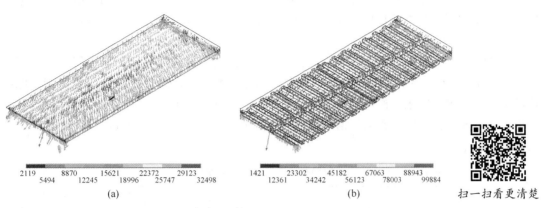

扫一扫看更清楚

图 11-20　原阴极铝电解槽与异型阴极结构铝电解槽的铝液电流密度矢量（A/m²）

（a）原阴极铝电解槽的铝液电流密度；（b）异型阴极结构铝电解槽的铝液电流密度

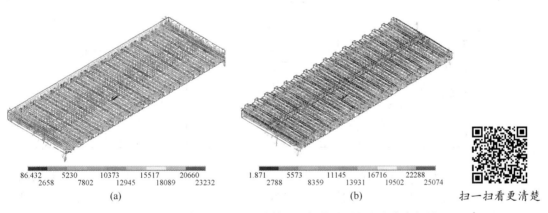

扫一扫看更清楚

图 11-21　原阴极铝电解槽与异型阴极结构铝电解槽的阴极电流密度矢量（A/m²）

（a）原阴极铝电解槽的阴极电流密度；（b）异型阴极结构铝电解槽的阴极电流密度

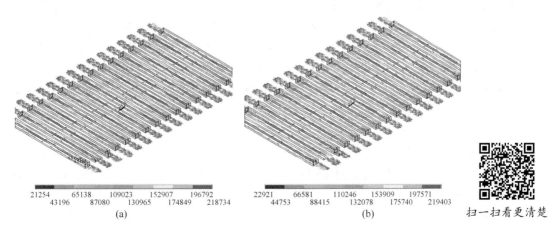

扫一扫看更清楚

图 11-22　原阴极铝电解槽与异型阴极结构铝电解槽的阴极钢棒电流密度矢量（A/m²）

（a）原阴极铝电解槽的阴极钢棒电流密度；（b）异型阴极结构铝电解槽阴极钢棒电流密度

　　由图 11-15~图 11-22 可以看出：原阴极铝电解槽与异型阴极结构铝电解槽的电流密度分布规律相似：基本都是从中间向两边，从上至下的方向流动，其值（除铝液外）变化不大。

　　表 11-3 给出了原阴极铝电解槽与异型阴极结构铝电解槽的各部分电压降，以便于对比分析。由表 11-3 可以看出，铝液具有良好的导电性，可以近似看作等电位区域，电解质的电阻率较大，铝电解槽内导体电阻电压主要降落在电解质上，异型阴极结构铝电解槽的电解质电压降比原阴极铝电解槽的电解质电压降降低 0.38V，从而说明异型阴极结构铝电解槽更加节能。

表 11-3　原阴极铝电解槽与异型阴极结构铝电解槽的各部分电压降　　　（V）

名　称	原阴极铝电解槽	异型阴极结构铝电解槽
总电压降	2.303	1.874
阳极铝杆电压降	0.16	0.16
阳极钢爪电压降	0.04	0.04
阳极电压降	0.268	0.271
电解质电压降	1.70	1.32
铝电压降	0.002563	0.003422
阴极电压降	0.348896	0.339437
阴极钢棒电压降	0.207806	0.208936
极化电压降	1.8	1.8
槽电压	4.103	3.674

　　熔体部分一直以来都是铝工作者们关心的区域，为了更好地分析熔体部分的电场特点，对比分析异型阴极结构铝电解槽和原阴极铝电解槽，本书给出了铝液与电解质截面电流的分布云图。

　　图 11-23 为原阴极铝电解槽和异型阴极结构铝电解槽的铝液与电解质交界面上电流分布云图。由图 11-23 可知，异型阴极结构与原阴极铝电解槽铝液与电解质交界面的电流分布规律相似：X 向水平电流均为沿长轴（X 轴）呈反对称分布；Y 向水平电流均为沿短轴（Y 轴）呈反对称分布；Z 向电流均为垂直向下，阳极投影下其绝对值大且均匀，阳极侧面的 Z 向垂直电流绝对值较小。由于水平电流越强，熔体的流动性就越大，因此它是实际生产中应尽量减小的指标，由图 11-23 可知，异型阴极结构铝电解槽铝液与电解质交界面的 X 向和 Y 向电流的绝对值均小于原阴极铝电解槽铝液与电解质交界面的 X 向和 Y 向电流的绝对值。

　　图 11-24~图 11-27 给出了原阴极铝电解槽铝液中的电流密度截面图，其中图 11-24 为原阴极铝电解槽铝液中 X 向水平电流截面图，图 11-25 所示为原阴极铝电解槽铝液中 Y 向水平电流截面图，图 11-26 所示为原阴极铝电解槽铝液中 Z 向垂直电流截面图，图 11-27 所示为原阴极铝电解槽铝液中总电流密度矢量和截面图。

　　图 11-28~图 11-31 给出了异型阴极结构铝电解槽阴极凸台表面上部的铝液电流密度截面图，其中图 11-28 所示为异型阴极结构铝电解槽阴极凸台表面上部的铝液 X 向水平电

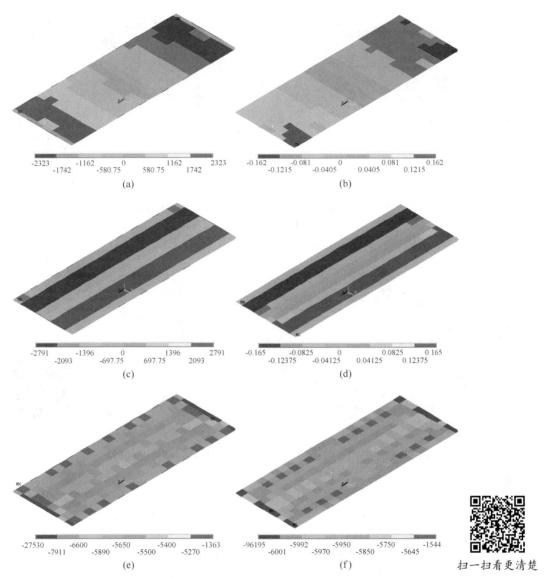

图 11-23 原阴极铝电解槽和异型阴极结构铝电解槽铝液与电解质交界面电流密度（A/m²）

（a）原阴极铝电解槽的铝液与电解质交界面 X 向水平电流分布；（b）异型阴极结构铝电解槽的铝液与电解质交界面 X 向水平电流分布；（c）原阴极铝电解槽的铝液与电解质交界面 Y 向水平电流分布；（d）异型阴极结构铝电解槽的铝液与电解质交界面 Y 向水平电流分布；（e）原阴极铝电解槽的铝液与电解质交界面 Z 向垂直电流分布；（f）异型阴极结构铝电解槽的铝液与电解质交界面 Z 向垂直电流分布

扫一扫看更清楚

流截面图，图 11-29 所示为异型阴极结构铝电解槽阴极凸台表面上部的铝液 Y 向水平电流截面图，图 11-30 所示为异型阴极结构铝电解槽阴极凸台表面上部的铝液中 Z 向垂直电流截面图，图 11-31 所示为异型阴极结构铝电解槽阴极凸台表面上部的铝液中总电流密度矢量和截面。图 11-32 给出了异型阴极结构铝电解槽阴极凹槽内铝液的 X 向水平电流、Y 向水平电流、Z 向垂直电流和电流密度矢量图。

由图 11-24~图 11-27 可知：原阴极铝电解槽铝液中 X 向水平电流沿长轴（X 轴）呈

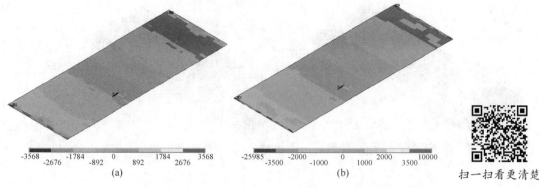

图 11-24　原阴极铝电解槽铝液中 X 向水平电流截面（A/m^2）

（a）$z = 0.872$；（b）$z = 0.807$

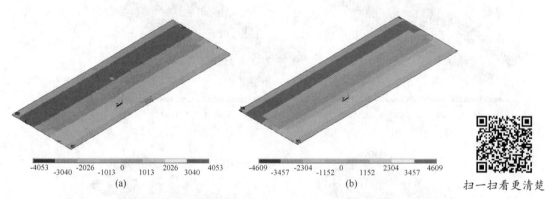

图 11-25　原阴极铝电解槽铝液中 Y 向水平电流截面（A/m^2）

（a）$z = 0.872$；（b）$z = 0.807$

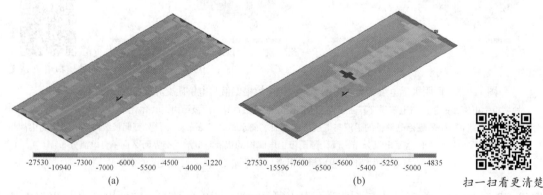

图 11-26　原阴极铝电解槽铝液中 Z 向垂直电流截面（A/m^2）

（a）$z = 0.872$；（b）$z = 0.807$

反对称分布，沿 Z 轴向下其电流密度值有所增加；原阴极铝电解槽铝液中 Y 向水平电流沿短轴（Y 轴）呈反对称分布，沿 Z 轴向下其电流密度值有所增加；原阴极铝电解槽铝液中 Z 向垂直电流绝对值沿短轴（Y 轴）向 A、B 侧递增，沿 Z 轴向下其电流密度值增加；原

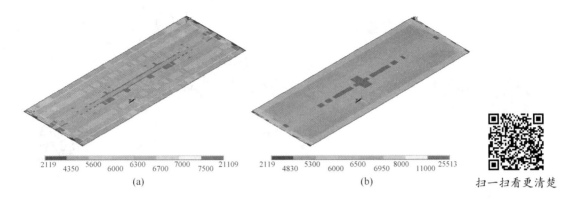

扫一扫看更清楚

图 11-27 原阴极铝电解槽铝液中总电流密度截面（A/m²）

（a）$z=0.872$；（b）$z=0.807$

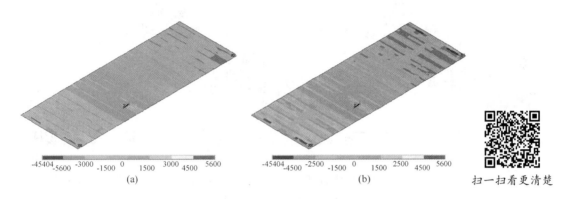

扫一扫看更清楚

图 11-28 异型阴极结构铝电解槽阴极凸台表面上部的铝液 X 向水平电流截面（A/m²）

（a）$z=0.92$；（b）$z=0.89$

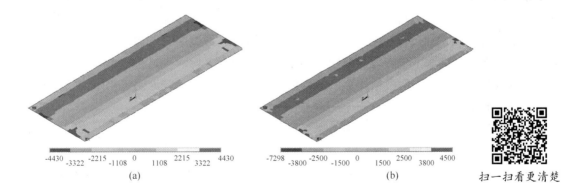

扫一扫看更清楚

图 11-29 异型阴极结构铝电解槽阴极凸台表面上部的铝液 Y 向水平电流截面（A/m²）

（a）$z=0.92$；（b）$z=0.89$

阴极铝电解槽阳极投影下面的铝液电流密度较大且均匀，沿短轴（Y 轴）向 A、B 侧递增，沿 Z 轴向下其电流密度值增加。

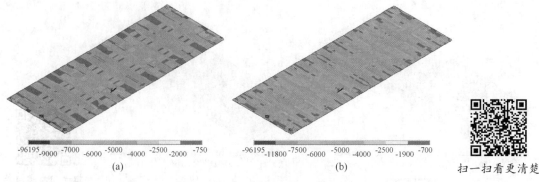

-96195 -9000 -7000 -6000 -5000 -4000 -2500 -2000 -750

(a)

-96195 -11800 -7500 -6000 -5000 -4000 -2500 -1900 -700

(b)

扫一扫看更清楚

图 11-30　异型阴极结构铝电解槽阴极凸台表面上部的铝液 Z 向垂直电流截面（A/m^2）

（a）$z=0.92$；（b）$z=0.89$

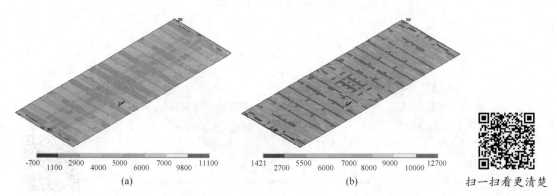

-700 1100 2900 4000 5000 6000 7000 9800 11100

(a)

1421 2700 5500 6000 7000 8000 9000 10000 12700

(b)

扫一扫看更清楚

图 11-31　异型阴极结构铝电解槽阴极凸台表面上部的铝液总电流密度截面（A/m^2）

（a）$z=0.92$；（b）$z=0.89$

由图 11-28~图 11-32 可知，异型阴极结构铝电解槽铝液中电流分布规律与原阴极铝电解槽铝液中电流分布规律基本相似，不同之处在于：异型阴极结构铝电解槽阴极凸台表面上部的铝液 X 向水平电流较原阴极铝电解槽铝液中 X 向水平电流大，其值在阴极凸台表面上部沿 Z 轴负向增加，但在阴极凹槽内其值反而减小；异型阴极结构铝电解槽阴极凸台表面上部的铝液 Y 向水平电流值与原阴极铝电解槽铝液中 Y 向水平电流值差别不大，但阴极凹槽内其值减小；异型阴极结构铝电解槽铝液中 Z 向垂直电流较原阴极铝电解槽铝液中 Z 向垂直电流小。

可见，异型阴极结构铝电解槽中铝液 Z 向垂直电流减小，阴极凸台表面上部的铝液中 X 向（长轴）水平电流增加。

图 11-33~图 11-36 给出了原阴极铝电解槽电解质中电流密度，其中图 11-33 所示为原阴极铝电解槽电解质中 X 向水平电流，图 11-34 所示为原阴极铝电解槽电解质中 Y 向水平电流截面图，图 11-35 所示为原阴极铝电解槽电解质截面图中 Z 向垂直电流截面图，图 11-36 所示为原阴极铝电解槽电解质中电流密度矢量图。

图 11-37~图 11-40 给出了异型阴极结构铝电解槽电解质中电流密度，其中图 11-37 所示为异型阴极结构铝电解槽电解质中 X 向水平电流截面图，图 11-38 所示为异型阴极结

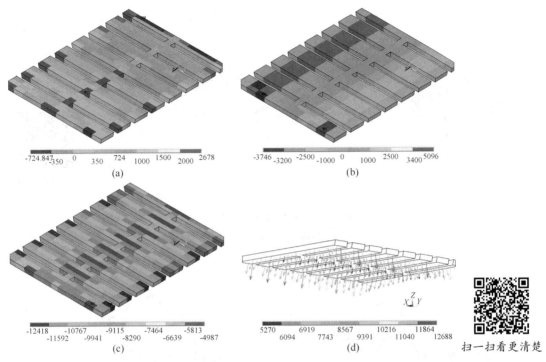

图 11-32 异型阴极结构铝电解槽阴极凹槽内铝液电流密度（1/2）（A/m²）

（a）异型阴极结构铝电解槽阴极凹槽内铝液 X 向水平电流；（b）异型阴极结构铝电解槽阴极凹槽内铝液 Y 向水平电流；
（c）异型阴极结构铝电解槽阴极凹槽内铝液 Z 向垂直电流；（d）异型阴极结构铝电解槽阴极凹槽内铝液电流密度矢量

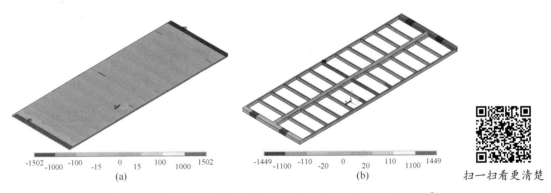

图 11-33 原阴极铝电解槽电解质中 X 向水平电流截面（A/m²）

（a）阳极底掌下；（b）阳极间隙

构铝电解槽电解质中 Y 向水平电流截面图，图 11-39 所示为异型阴极结构铝电解槽电解质
中 Z 向垂直电流截面图，图 11-40 所示为异型阴极结构铝电解槽电解质电流密度矢
量图。

　　由图 11-33~图 11-40 可知：原阴极铝电解槽和异型阴极结构铝电解槽电解质中电流
的分布及大小相似，阳极投影下面的电解质中几乎无水平电流，电流基本上垂直向下，电
流密度矢量和较大且均匀，阳极侧面电解质的 Z 向电流密度较小，存在水平电流。

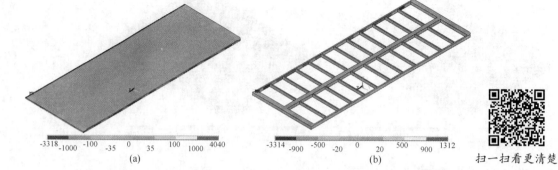

图 11-34   原阴极铝电解槽电解质中 Y 向水平电流截面（A/m^2）
（a）阳极底掌下；（b）阳极间隙

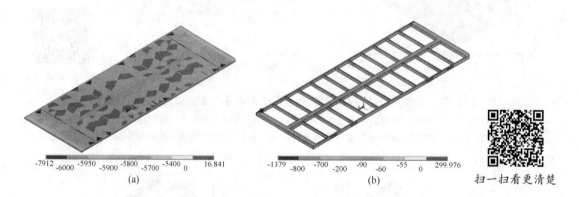

图 11-35   原阴极铝电解槽电解质中 Z 向垂直电流截面（A/m^2）
（a）阳极底掌下；（b）阳极间隙

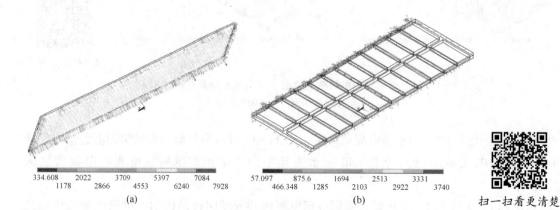

图 11-36   原阴极铝电解槽电解质中电流密度矢量（A/m^2）
（a）阳极底掌下；（b）阳极间隙

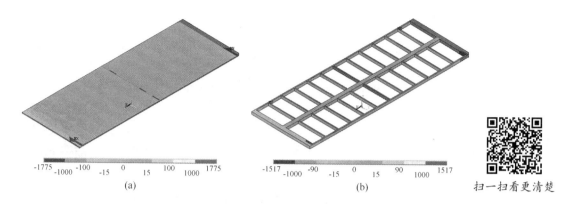

扫一扫看更清楚

图 11-37 异型阴极结构铝电解槽电解质中 X 向水平电流截面（A/m^2）

（a）阳极底掌下；（b）阳极间隙

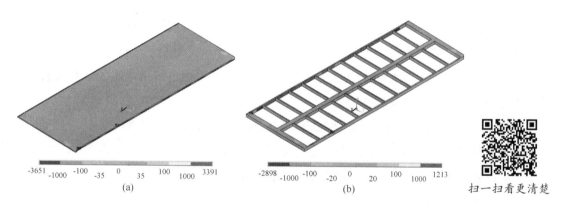

扫一扫看更清楚

图 11-38 异型阴极结构铝电解槽电解质中 Y 向水平电流截面（A/m^2）

（a）阳极底掌下；（b）阳极间隙

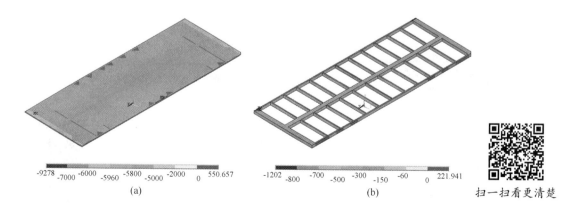

扫一扫看更清楚

图 11-39 异型阴极结构铝电解槽电解质中 Z 向垂直电流截面（A/m^2）

（a）阳极底掌下；（b）阳极间隙

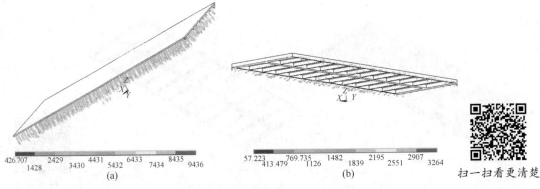

| 426.707 | | 2429 | | 4431 | | 6433 | | 8435 | |
| | 1428 | | 3430 | | 5432 | | 7434 | | 9436 |

| 57.223 | | 769.735 | | 1482 | | 2195 | | 2907 | |
| | 413.479 | | 1126 | | 1839 | | 2551 | | 3264 |

扫一扫看更清楚

(a)　　　　　　　　　　　　　　(b)

图 11-40　异型阴极结构铝电解槽电解质电流密度矢量（A/m²）

（a）阳极底掌下；（b）阳极间隙

11.2.2　磁场计算结果分析

铝电解槽磁场计算时考虑了铁磁物质的影响，原阴极铝电解槽与异型阴极结构铝电解槽的矢量云图与钢壳矢量云图如图 11-41 和图 11-42 所示，由图 11-41 和图 11-42 可以看出，铝电解槽的磁力线大都集中于铁磁材料钢壳中，所以铝电解槽的磁场计算及其优化设计要充分考虑到铁磁材料的影响。

图 11-43 和图 11-44 给出了原阴极铝电解槽与异型阴极结构铝电解槽的铝液磁场矢量云图和原阴极铝电解槽与异型阴极结构铝电解槽的电解质磁场矢量云图，由图 11-43 和图 11-44 可以看出，原阴极铝电解槽熔体中（铝液与电解质）的磁力线基本上可以看作为一个绕 Z 轴顺时针旋转的大涡流。

表 11-4 列出了原阴极铝电解槽和异型阴极结构铝电解槽铝液中的磁场计算值，由表 11-4 可以看出，原阴极铝电解槽和异型阴极结构铝电解槽铝液中磁场值相差不大。

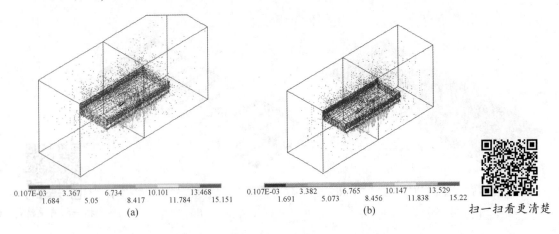

| 0.107E-03 | | 3.367 | | 6.734 | | 10.101 | | 13.468 | |
| | 1.684 | | 5.05 | | 8.417 | | 11.784 | | 15.151 |

| 0.107E-03 | | 3.382 | | 6.765 | | 10.147 | | 13.529 | |
| | 1.691 | | 5.073 | | 8.456 | | 11.838 | | 15.22 |

扫一扫看更清楚

(a)　　　　　　　　　　　　　　(b)

图 11-41　原阴极铝电解槽与异型阴极结构铝电解槽磁场矢量（Tesla）

（a）原阴极铝电解槽磁场矢量；（b）异型阴极结构铝电解槽磁场矢量

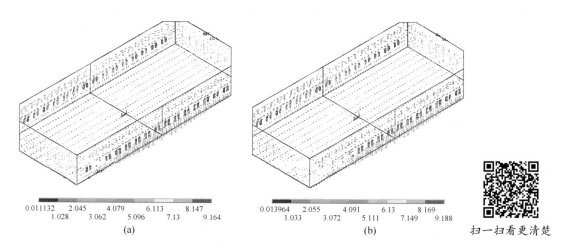

0.011132　2.045　4.079　6.113　8.147
　1.028　3.062　5.096　7.13　9.164
(a)

0.013964　2.055　4.091　6.13　8.169
　1.033　3.072　5.111　7.149　9.188
(b)

扫一扫看更清楚

图 11-42　原阴极铝电解槽与异型阴极结构铝电解槽钢壳磁场矢量（Tesla）
（a）原阴极铝电解槽钢壳磁场矢量；（b）异型阴极结构铝电解槽钢壳磁场矢量

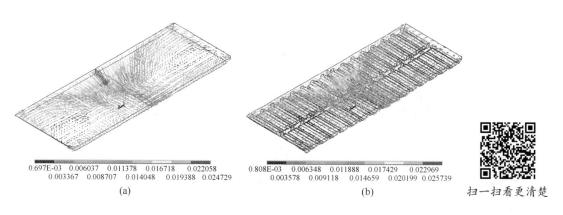

0.697E-03　0.006037　0.011378　0.016718　0.022058
　0.003367　0.008707　0.014048　0.019388　0.024729
(a)

0.808E-03　0.006348　0.011888　0.017429　0.022969
　0.003578　0.009118　0.014659　0.020199　0.025739
(b)

扫一扫看更清楚

图 11-43　原阴极铝电解槽与异型阴极结构铝电解槽的铝液磁场矢量（Tesla）
（a）原阴极铝电解槽铝液磁场矢量；（b）异型阴极结构铝电解槽铝液磁场矢量

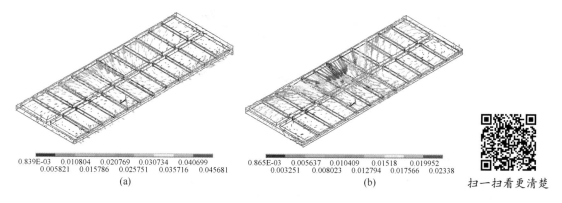

0.839E-03　0.010804　0.020769　0.030734　0.040699
　0.005821　0.015786　0.025751　0.035716　0.045681
(a)

0.865E-03　0.005637　0.010409　0.01518　0.019952
　0.003251　0.008023　0.012794　0.017566　0.02338
(b)

扫一扫看更清楚

图 11-44　原阴极铝电解槽与异型阴极结构铝电解槽电解质磁场矢量（Tesla）
（a）原阴极铝电解槽电解质磁场矢量；（b）异型阴极结构铝电解槽电解质磁场矢量

表 11-4 原阴极铝电解槽和异型阴极结构铝电解槽铝液中的磁场计算值 （Gs）

项 目	原阴极铝电解槽	异型阴极结构铝电解槽
X 向磁场强度（B_X）	$-105.85 \sim 55.74$	$-131.32 \sim 59.18$
Y 向磁场强度（B_Y）	$-51.82 \sim 217.29$	$-59.95 \sim 222.45$
Z 向磁场强度（B_Z）	$-121.46 \sim 88.82$	$-138.15 \sim 94.76$
磁场强度矢量合（B_{sum}）	$6.97 \sim 247.29$	$8.08 \sim 257.39$

　　为了更为详尽地对比分析异型阴极结构铝电解槽和原阴极铝电解槽熔体磁场，本书给出了铝液与电解质磁场截面图，如图 11-45~图 11-62 所示。

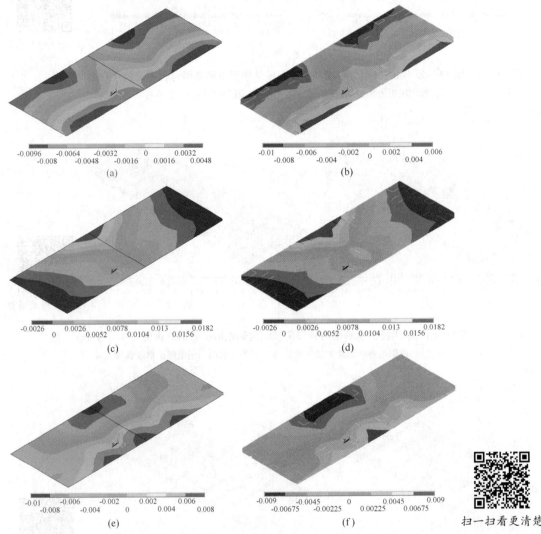

扫一扫看更清楚

图 11-45 原阴极铝电解槽和异型阴极结构铝电解槽铝液与电解质交界面磁场分布（Tesla）
（a）原阴极铝电解槽的铝液与电解质交界面 X 向水平磁场分布；（b）异型阴极结构铝电解槽的铝液与电解质交界面 X 向水平磁场分布；（c）原阴极铝电解槽的铝液与电解质交界面 Y 向水平磁场分布；（d）异型阴极结构铝电解槽的铝液与电解质交界面 Y 向水平磁场分布；（e）原阴极铝电解槽的铝液与电解质交界面 Z 向垂直磁场分布；（f）异型阴极结构铝电解槽的铝液与电解质交界面 Z 向垂直磁场分布

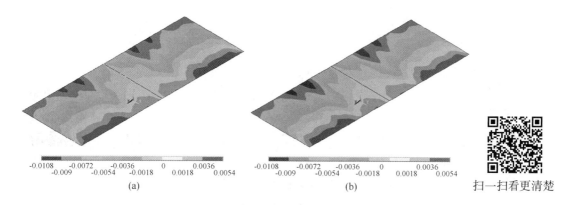

扫一扫看更清楚

图 11-46 原阴极铝电解槽铝液中 X 向水平磁场截面（Tesla）

（a）$z=0.872$；（b）$z=0.807$

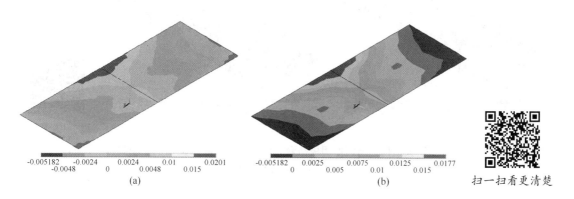

扫一扫看更清楚

图 11-47 原阴极铝电解槽铝液中 Y 向水平磁场截面（Tesla）

（a）$z=0.872$；（b）$z=0.807$

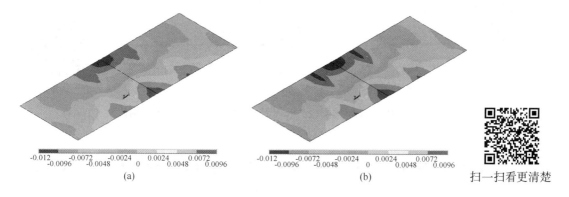

扫一扫看更清楚

图 11-48 原阴极铝电解槽铝液中 Z 向垂直磁场截面（Tesla）

（a）$z=0.872$；（b）$z=0.807$

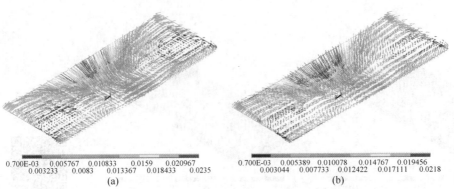

图 11-49　原阴极铝电解槽铝液中磁场矢量（Tesla）

（a）$z=0.872$；（b）$z=0.807$

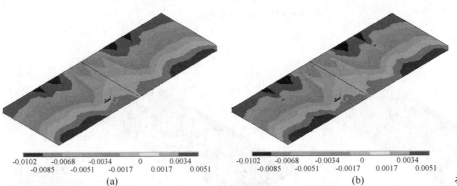

图 11-50　异型阴极结构铝电解槽阴极凸台表面上部的铝液 X 向水平磁场截面（Tesla）

（a）$z=0.92$；（b）$z=0.89$

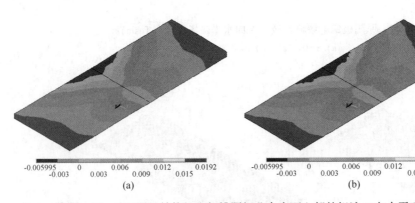

图 11-51　异型阴极结构铝电解槽阴极凸台表面上部的铝液 Y 向水平磁场截面（Tesla）

（a）$z=0.92$；（b）$z=0.89$

　　图 11-45 所示为原阴极铝电解槽和异型阴极结构铝电解槽铝液与电解质交界面磁场分布云图，其中图 11-45（a）和图 11-45（b）所示分别为原阴极铝电解槽铝液与电解质交界面的 X 向水平磁场与异型阴极结构铝电解槽铝液与电解质交界面的 X 向水平磁场，其大小及分布规律都相差无几，均近似于反对称分布，进电侧端（Y 轴负向）为 X 负向磁场，至

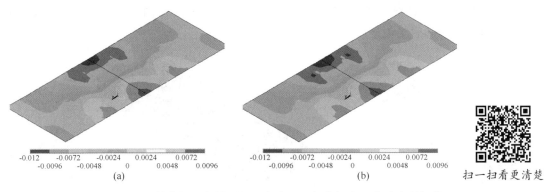

图 11-52　异型阴极结构铝电解槽阴极凸台表面上部的铝液 Z 向垂直磁场截面（Tesla）

（a）$z=0.92$；（b）$z=0.89$

出电侧（Y 轴正向）则过渡为 X 正向磁场。

　　图 11-45（c）和图 11-45（d）所示分别为原阴极铝电解槽铝液与电解质交界面的 Y 向水平磁场与异型阴极结构铝电解槽铝液与电解质交界面的 Y 向水平磁场，其大小及分布规律也相差无几，烟道端与出铝端（长轴两侧）为负值区，其余区域由两侧向中间递增。

　　图 11-45（e）和图 11-45（f）所示分别为原阴极铝电解槽铝液与电解质交界面的 Z 向垂直磁场与异型阴极结构铝电解槽铝液与电解质交界面的 Z 向垂直磁场。其大小及分布规律都相差无几，均近似于反对称分布，进电侧端（Y 轴负向）为 Z 负向磁场，至出电侧（Y 轴正向）则过渡为 Z 正向磁场。

　　图 11-46~图 11-49 所示为原阴极铝电解槽铝液中磁场强度 B 截面图，其中图 11-46 所示为原阴极铝电解槽铝液中 X 向水平磁场截面图，图 11-47 所示为原阴极铝电解槽铝液中 Y 向水平磁场截面图，图 11-48 所示为原阴极铝电解槽铝液中 Z 向垂直磁场截面图，图 11-49 所示为原阴极铝电解槽铝液中磁场矢量和截面图。

　　图 11-50~图 11-53 所示为异型阴极结构铝电解槽阴极凸台表面上部的铝液磁场截面图，其中图 11-50 所示为异型阴极结构铝电解槽阴极凸台表面上部的铝液 X 向水平磁场截面图，图 11-51 所示为异型阴极结构铝电解槽阴极凸台表面上部的铝液 Y 向水平磁场截面图，图 11-52 所示为异型阴极结构铝电解槽阴极凸台表面上部的铝液 Z 向垂直磁场截面图，图 11-53 所示为异型阴极结构铝电解槽阴极凸台表面上部的铝液磁场矢量截面图。

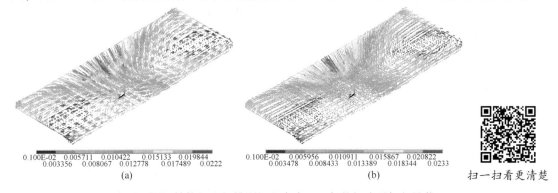

图 11-53　异型阴极结构铝电解槽阴极凸台表面上部的铝液磁场矢量截面（Tesla）

（a）$z=0.92$；（b）$z=0.89$

　　图11-54所示为异型阴极结构铝电解槽阴极凹槽内铝液的X向水平磁场、Y向水平磁场、Z向垂直磁场和磁场矢量和。

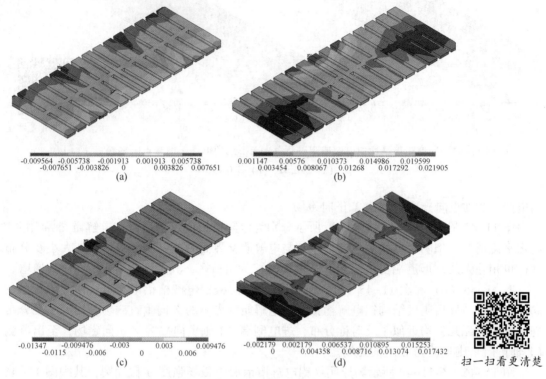

0.009564　-0.005738　-0.001913　0.001913　0.005738
　-0.007651　-0.003826　　0　　0.003826　0.007651
(a)

0.001147　0.00576　0.010373　0.014986　0.019599
　0.003454　0.008067　0.01268　0.017292　0.021905
(b)

-0.01347　-0.009476　-0.003　　0.003　　0.009476
　-0.0115　　-0.006　　0　　　0.006
(c)

-0.002179　0.002179　0.006537　0.010895　0.015253
　　0.004358　0.008716　0.013074　0.017432
(d)

扫一扫看更清楚

图11-54　异型阴极结构铝电解槽阴极凹槽内铝液磁场密度（Tesla）
（a）异型阴极结构铝电解槽阴极凹槽内铝液X向水平磁场；（b）异型阴极结构铝电解槽阴极凹槽内铝液Y向水平磁场；
（c）异型阴极结构铝电解槽阴极凹槽内铝液Z向垂直磁场；（d）异型阴极结构铝电解槽阴极凹槽内铝液磁场矢量

　　由图11-46~图11-54可知：原阴极铝电解槽和异型阴极结构铝电解槽铝液中磁场的分布规律相似，铝液中的X向水平磁场近似于反对称分布，进电侧端（Y轴负向）为X负向磁场，至出电侧（Y轴正向）则过渡为X正向磁场，各层面间磁场值变化不大。

　　铝液Y向水平磁场烟道端与出铝端（长轴两侧）为负值区，其余区域由两侧向中间递增，各层面Y向水平磁场值沿Z轴负向减小。

　　铝液中的Z向垂直磁场均近似于反对称分布，进电侧端（Y轴负向）为Z负向磁场，至出电侧（Y轴正向）则过渡为Z正向磁场，各层面Z向垂直磁场值差别不大。

　　铝液中磁场矢量和均沿Z轴负向减小。

　　图11-55~图11-58所示为原阴极铝电解槽电解质中磁场分布，其中图11-55所示为原阴极铝电解槽电解质中X向水平磁场，图11-56所示为原阴极铝电解槽电解质中Y向水平磁场，图11-57所示为原阴极铝电解槽电解质中Z向垂直磁场，图11-58所示为原阴极铝电解槽电解质中磁场密度矢量图。

　　图11-59~图11-62所示为异型阴极结构铝电解槽电解质中磁场分布，其中图11-59所示为异型阴极结构铝电解槽电解质中X向水平磁场，图11-60所示为异型阴极结构铝电解槽电解质中Y向水平磁场，图11-61所示为异型阴极结构铝电解槽电解质中Z向垂直磁场，图11-62所示为异型阴极结构铝电解槽电解质中磁场密度矢量图。

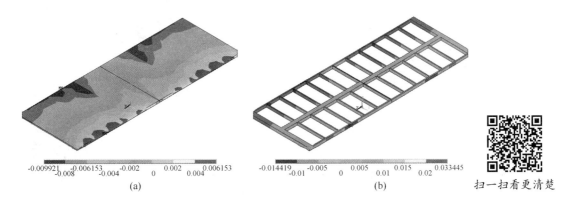

扫一扫看更清楚

图 11-55　原阴极铝电解槽电解质中 X 向水平磁场截面（Tesla）

（a）阳极底掌；（b）阳极间隙

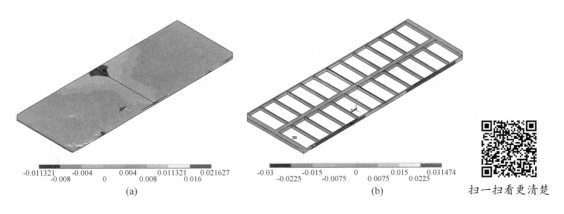

扫一扫看更清楚

图 11-56　原阴极铝电解槽电解质中 Y 向水平磁场截面（Tesla）

（a）阳极底掌；（b）阳极间隙

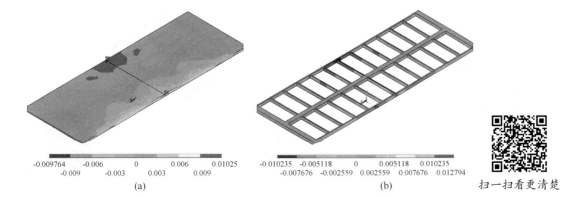

扫一扫看更清楚

图 11-57　原阴极铝电解槽电解质中 Z 向垂直磁场截面（Tesla）

（a）阳极底掌；（b）阳极间隙

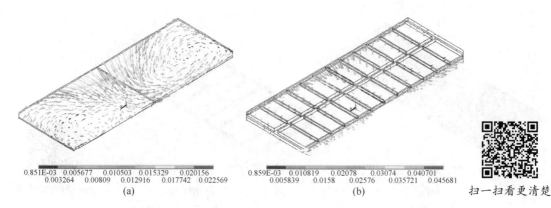

图 11-58　原阴极铝电解槽电解质中磁场密度矢量（Tesla）

（a）阳极底掌；（b）阳极间隙

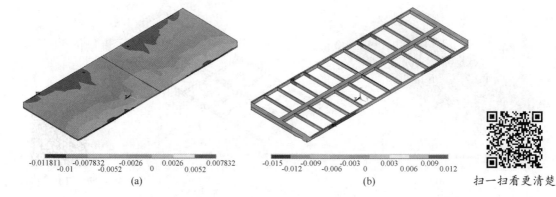

图 11-59　异型阴极结构铝电解槽电解质中 X 向水平磁场截面（Tesla）

（a）阳极底掌；（b）阳极间隙

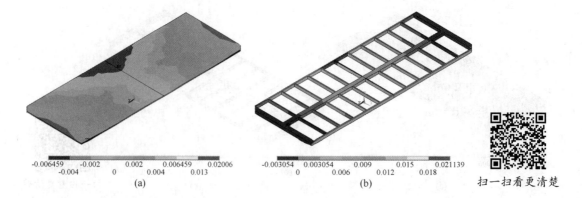

图 11-60　异型阴极结构铝电解槽电解质中 Y 向水平磁场截面（Tesla）

（a）阳极底掌；（b）阳极间隙

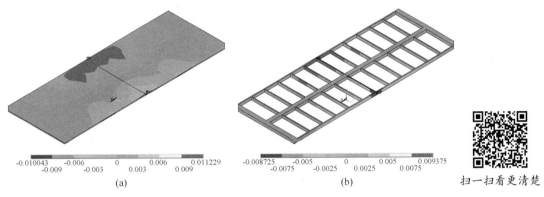

图 11-61　异型阴极结构铝电解槽电解质中 Z 向垂直磁场截面（Tesla）

（a）阳极底掌；（b）阳极间隙

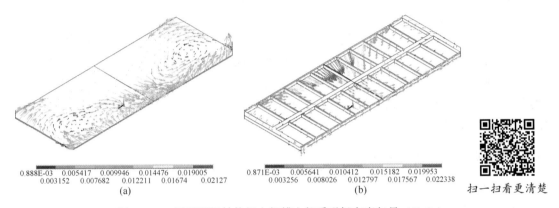

图 11-62　异型阴极结构铝电解槽电解质磁场密度矢量（Tesla）

（a）阳极底掌；（b）阳极间隙

　　由图 11-55~图 11-62 可知：原阴极铝电解槽和异型阴极结构铝电解槽电解质中磁场的分布及大小相似，阳极投影下面的电解质中，X 向水平磁场均是沿短轴（Y 向）方向呈反对称分布，进电侧（Y 轴负向）为负值，出电侧（Y 轴正向）为正值，Y 向水平磁场在中心区域沿长轴（X 轴）向两端呈反对称分布，其中心部位为正值，两侧为负值区域，Z 向垂直磁场沿短轴（Y 向）方向呈反对称分布，进电侧（Y 轴负向）为负值，出电侧（Y 轴正向）为正值；阳极侧面电解质的水平磁场较大，因此其磁场矢量和也较大。

　　为了检验模型求解的准确性，本书在原阴极铝电槽铝液中选取若干点对其磁场进行测量，所选仪器为 F. W. BELL 7030 型高斯计作为磁场强度的测量仪器，其分辨率为 ±0.15%。将磁场计算结果与测量结果进行了比较，见表 11-5。

表 11-5　原阴极铝电解槽铝液中磁场测量值与计算值对比　　　　　（Gs）

测点	测点坐标/m			测量值				计算值			
	X	Y	Z	B_X	B_Y	B_Z	B_{sum}	B_X	B_Y	B_Z	B_{sum}
1	2.4	-0.68	0.742	-58.75	28	-3	65.15	-64.47	35.46	-3.32	73.65
2	3.65	-1.55	0.742	148.05	19.8	3	149.40	81.85	23.97	3.33	85.35

续表 11-5

测点	测点坐标/m			测量值				计算值			
	X	Y	Z	B_X	B_Y	B_Z	B_{sum}	B_X	B_Y	B_Z	B_{sum}
3	0.75	0.68	0.742	24.3	−63.07	18.3	70.02	10.76	−73.26	20.22	76.76
4	1.6	−0.1	0.742	−26.2	−54.5	−9	61.14	−58.32	−25.15	−9.45	64.22
5	1.6	−0.39	0.742	56.7	−73	−26.8	96.24	70.13	−45.93	−27.74	88.30
6	2.4	−0.97	0.742	−82.2	48.1	−10.5	95.82	−76.11	46.89	−10.64	90.03
7	3.65	−1.5	0.742	−73.3	97	4.5	121.67	−81.85	23.97	3.33	85.35
8	1.45	0.39	0.742	−44.1	66.5	26.9	84.21	−39.86	44.92	22.15	64.01

由表 11-5 可知，铝电解槽中铝液磁感应强度的计算结果与测试结果基本吻合，验证了应用该模型对铝电解槽进行电磁场数值模拟的可行性与准确性，但数据仍然有一定的误差存在，造成这些误差的主要原因是：

（1）计算结果的误差。主要包括两个方面：模型的简化和电流计算的不精确性。模型的简化首先是炉膛形状的不精确性；其次铝电解槽在实际运行中电流分布的不均匀性。

（2）测试过程中的误差。首先是测试期间电流与电压有较小波动；其次是测量过程中测点定位并非十分精确，如探头应当垂直插入铝液中部，但由于人为操作不能精确到铝液中部或十分垂直等。

11.2.3　电磁力计算结果分析

熔体电磁力分布一直以来都是研究者们关心的问题，本书给出了铝液与电解质的电磁力分布图，如图 11-63~图 11-76 所示。

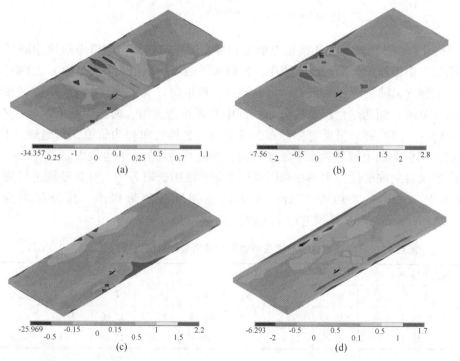

(a)　　　　　　　　　　　　　　(b)

(c)　　　　　　　　　　　　　　(d)

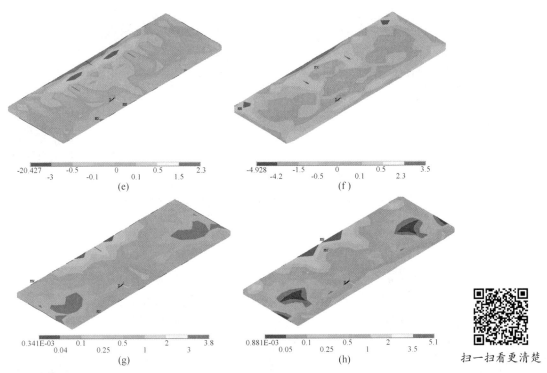

图 11-63　原阴极铝电解槽和异型阴极结构铝电解槽的铝液与电解质交界面电磁力分布（N）
（a）原阴极铝电解槽的铝液与电解质交界面 X 向水平电磁力分布；（b）异型阴极结构铝电解槽的铝液与电解质
交界面 X 向水平电磁力分布；（c）原阴极铝电解槽的铝液与电解质交界面 Y 向水平电磁力分布；（d）异型阴极结构
铝电解槽的铝液与电解质交界面 Y 向水平电磁力分布；（e）原阴极铝电解槽的铝液与电解质交界面 Z 向垂直电磁力
分布；（f）异型阴极结构铝电解槽的铝液与电解质交界面 Z 向垂直电磁力分布；（g）原阴极铝电解槽的铝液与
电解质交界面总电磁力；（h）异型阴极结构铝电解槽的铝液与电解质交界面总电磁力

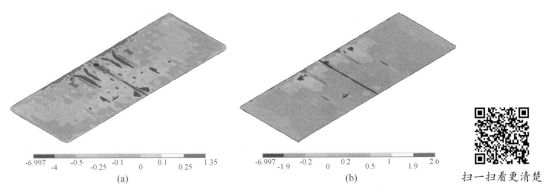

图 11-64　原阴极铝电解槽铝液中 X 向水平电磁力截面
（a）$z = 0.872$；（b）$z = 0.807$

　　图 11-63 所示为原阴极铝电解槽和异型阴极结构铝电解槽铝液与电解质交界面电磁力
分布云图，由图 11-63 可知：原阴极铝电解槽和异型阴极结构铝电解槽铝液与电解质交界
面上各方向的电磁力普遍较小，其值变化不大，正负向最大值都在 5N 以下；原阴极铝电解槽

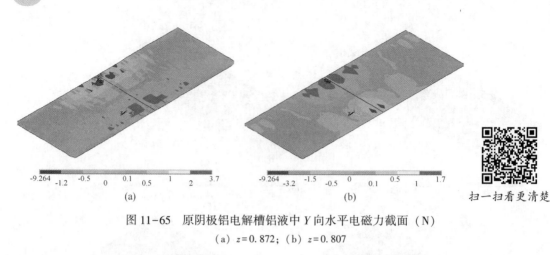

扫一扫看更清楚

图 11-65   原阴极铝电解槽铝液中 Y 向水平电磁力截面（N）

（a）$z=0.872$；（b）$z=0.807$

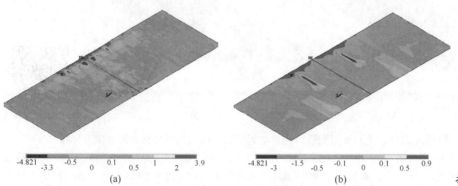

扫一扫看更清楚

图 11-66   原阴极铝电解槽铝液中 Z 向垂直电磁力截面（N）

（a）$z=0.872$；（b）$z=0.807$

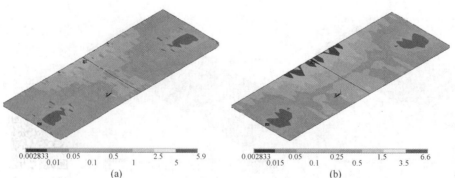

扫一扫看更清楚

图 11-67   原阴极铝电解槽铝液中总电磁力截面（N）

（a）$z=0.872$；（b）$z=0.807$

铝液与电解质交界面上，X 向水平电磁力负向最大值为 -2.5N，正向最大值为 1.1N，Y 向水平电磁力负向最大值为 -0.5N，正向最大值为 2.2N，Z 向垂直电磁力负向最大值为 -3N，正向最大值为 2.3N；电磁力矢量和最小值为 0.04N，最大值为 3.8N。异型阴极结构电解槽铝液与电解质交界面上，X 向水平电磁力负向最大值为 -2N，正向最大值为

2.8N，Y 向水平电磁力负向最大值为-2N，正向最大值为 1.7N，Z 向垂直电磁力负向最大值为-4.2N，正向最大值为 3.5N；电磁力矢量和最小值为 0.000881N，最大值为 5.1N。

与原阴极铝电解槽铝液与电解质交界面上各方向的电磁力相比，异型阴极结构铝电解槽铝液与电解质交界面的 X 向水平电磁力的负向值区域减小，Y 向水平电磁力和 Z 向垂直电磁力的负向值区域增加。

为了对比分析异型阴极结构铝电解槽和原阴极铝电解槽熔体电磁力，表 11-6 列出了原阴极铝电解槽和异型阴极结构铝电解槽铝液中的电磁力值，由表 11-6 可以看出，原阴极铝电解槽和异型阴极结构铝电解槽铝液中电磁力相差不大。

表 11-6 原阴极铝电解槽和异型阴极结构铝电解槽铝液中的电磁力　　　　（N）

电磁力	原阴极铝电解槽	异型阴极结构铝电解槽
F_X	-6.997~5.215	-6.565~3.411
F_Y	-9.264~14.484	-6.63~13.825
F_Z	-4.821~9.41	-4.428~12.328
F_{sum}	0.002833~17.376	0.003247~17.284

为了对比分析铝电解槽铝液与电解质的电磁力的变化规律，本书给出了铝电解槽铝液与电解质的电磁力截面图，如图 11-64~图 11-74 所示。

图 11-64~图 11-67 所示为原阴极铝电解槽铝液中电磁力截面图，其中图 11-64 所示为原阴极铝电解槽铝液中 X 向水平电磁力截面图，图 11-65 所示为原阴极铝电解槽铝液中 Y 向水平电磁力截面图，图 11-66 所示为原阴极铝电解槽铝液中 Z 向垂直电磁力截面图，图 11-67 所示为原阴极铝电解槽铝液中电磁力矢量和截面图。

图 11-68~图 11-71 所示为异型阴极结构铝电解槽阴极凸台表面上部的铝液电磁力截面图，其中图 11-68 所示为异型阴极结构铝电解槽阴极凸台表面上部的铝液 X 向水平电磁力截面图，图 11-69 所示为异型阴极结构铝电解槽阴极凸台表面上部的铝液 Y 向水平电磁力截面图，图 11-70 所示为异型阴极结构铝电解槽阴极凸台表面上部的铝液 Z 向垂直电磁力截面图，图 11-71 所示为异型阴极结构铝电解槽阴极凸台表面上部的铝液中电磁力矢量截面图。

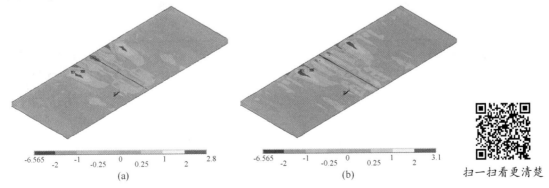

扫一扫看更清楚

图 11-68　异型阴极结构铝电解槽阴极凸台表面上部的铝液 X 向水平电磁力截面（N）
（a）$z=0.92$；（b）$z=0.89$

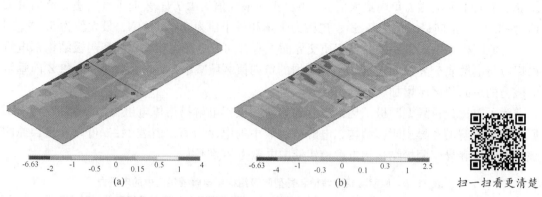

扫一扫看更清楚

图 11-69　异型阴极结构铝电解槽阴极凸台表面上部的铝液 Y 向水平电磁力截面（N）

(a) $z=0.92$；(b) $z=0.89$

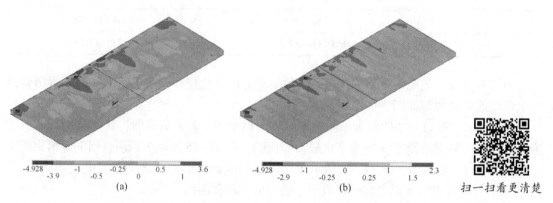

扫一扫看更清楚

图 11-70　异型阴极结构铝电解槽阴极凸台表面上部的铝液 Z 向垂直电磁力截面（N）

(a) $z=0.92$；(b) $z=0.89$

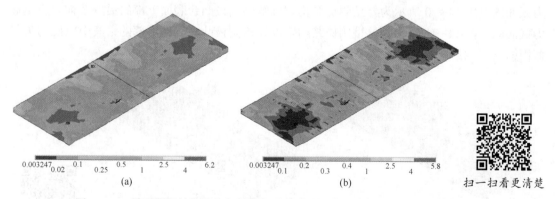

扫一扫看更清楚

图 11-71　异型阴极结构铝电解槽阴极凸台表面上部的铝液总电磁力截面（N）

(a) $z=0.92$；(b) $z=0.89$

图 11-72 所示为异型阴极结构铝电解槽阴极凹槽内铝液的 X 向水平电磁力、Y 向水平电磁力、Z 向垂直电磁力和电磁力矢量和。

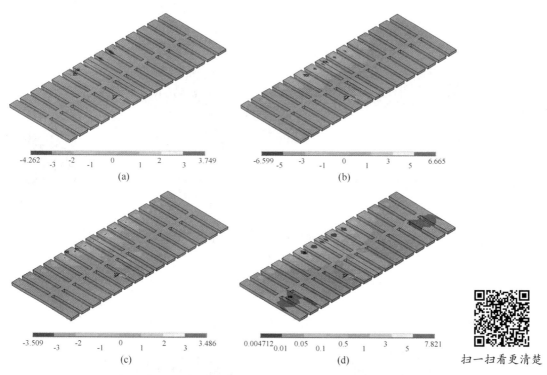

图 11-72 异型阴极结构铝电解槽阴极凹槽内铝液电磁力（N）

(a) 异型阴极结构铝电解槽阴极凹槽内铝液 X 向水平电磁力；(b) 异型阴极结构铝电解槽阴极凹槽内铝液 Y 向水平电磁力；
(c) 异型阴极结构铝电解槽阴极凹槽内铝液 Z 向垂直电磁力；(d) 异型阴极结构铝电解槽阴极凹槽内铝液电磁力矢量

由图 11-64～图 11-67 可知：距离阴极表面越近，原阴极铝电解槽铝液中 X 向水平电磁力的负向降低，正向升高，Y 向水平电磁力的负向升高，正向降低，Z 向垂直电磁力正向值降低且正向值区域大大缩小；电磁力矢量和值增加。

由图 11-68～图 11-72 可知：异型阴极结构铝电解槽阴极凸台表面上部的铝液中，距离阴极表面越近，X 向水平电磁力正负向均略有升高，正向值区域增加；Y 向水平电磁力负向升高，正向降低且正向值区域缩小；Z 向垂直电磁力的正负向值均降低且正向值区域缩小；电磁力矢量和值则减小；但异型阴极结构铝电解槽阴极凹槽内铝液的 X 向、Y 向和 Z 向电磁力以及电磁力矢量和都要高于阴极凸台表面上部的区域。

综上所述，异型阴极结构铝电解槽与原阴极铝电解槽铝液中的电磁力分布趋势不同，但其值大小差别不大，原阴极铝电解槽铝液中的电磁力矢量和在离阴极上表面越近处其值越大，而异型阴极结构铝电解槽的电磁力矢量和则是先减小，至阴极凹槽内升高。

图 11-73～图 11-77 所示为原阴极铝电解槽阳极底掌下电解质中电磁力截面图，其中图 11-73 所示为原阴极铝电解槽阳极底掌下电解质中 X 向水平电磁力截面图，图 11-74 所示为原阴极铝电解槽阳极底掌下电解质中 Y 向水平电磁力截面图，图 11-75 所示为原阴极铝电解槽阳极底掌下电解质中 Z 向垂直电磁力截面图，图 11-76 所示为原阴极铝电解槽阳极底掌下电解质中电磁力矢量和截面图，图 11-77 所示为原阴极结构铝电解槽阳极间隙中电解质的 X 向水平电磁力、Y 向水平电磁力、Z 向垂直电磁力和电磁力矢量和。

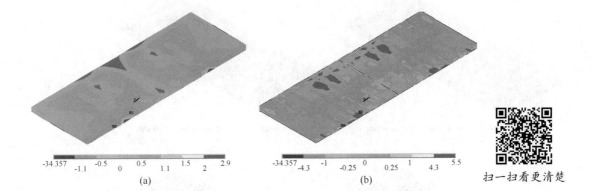

扫一扫看更清楚

图 11-73　原阴极铝电解槽阳极底掌下电解质中 X 向水平电磁力截面（N）

（a）$z = 0.942$；（b）$z = 0.966$

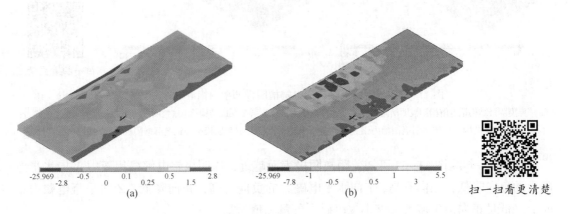

扫一扫看更清楚

图 11-74　原阴极铝电解槽阳极底掌下电解质中 Y 向水平电磁力截面（N）

（a）$z = 0.942$；（b）$z = 0.966$

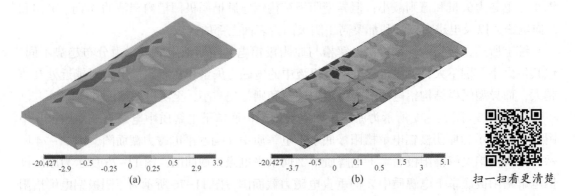

扫一扫看更清楚

图 11-75　原阴极铝电解槽阳极底掌下电解质中 Z 向垂直电磁力截面（N）

（a）$z = 0.942$；（b）$z = 0.966$

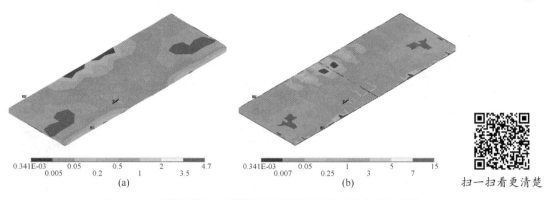

图 11-76　原阴极铝电解槽阳极底掌下电解质中总电磁力截面（N）

（a）$z = 0.942$；（b）$z = 0.966$

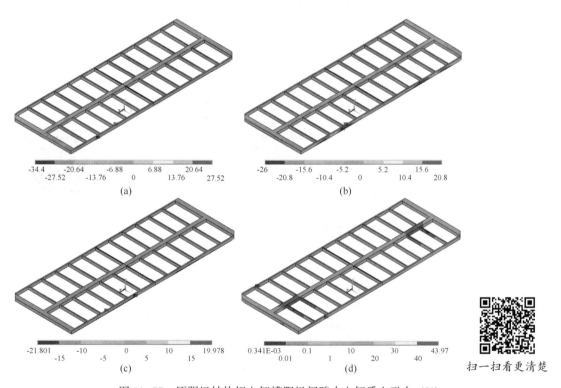

图 11-77　原阴极结构铝电解槽阳极间隙中电解质电磁力（N）

（a）原阴极铝电解槽阳极间隙中电解质 X 向水平电磁力；（b）原阴极铝电解槽阳极间隙中电解质 Y 向水平电磁力；
（c）原阴极铝电解槽阳极间隙中电解质 Z 向垂直电磁力；（d）原阴极铝电解槽阳极间隙中电解质总电磁力

图 11-78~图 11-82 所示为异型阴极结构铝电解槽电解质中电磁力截面图，其中图 11-78 所示为异型阴极结构铝电解槽阳极底掌下电解质中 X 向水平电磁力截面图，图 11-79 所示为异型阴极结构铝电解槽阳极底掌下电解质中 Y 向水平电磁力截面图，图 11-80 所示为异型阴极结构铝电解槽阳极底掌下电解质中 Z 向垂直电磁力截面图，图 11-81 所示为异型阴极结构铝电解槽阳极底掌下电解质中电磁力矢量和截面图，图 11-82 所示为异型阴极结构铝电解槽阳极间隙中电解质的 X 向水平电磁力、Y 向水平电磁力、Z 向垂直电磁力和电磁力矢量和。

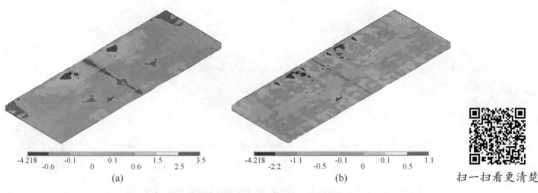

扫一扫看更清楚

图 11-78　异型阴极结构铝电解槽阳极底掌下电解质中 X 向水平电磁力截面（N）

(a) $z = 0.964$；(b) $z = 0.966$

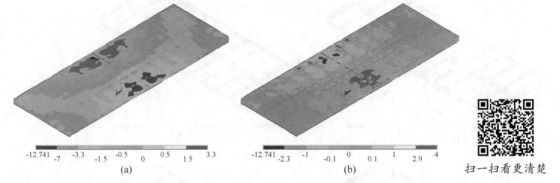

扫一扫看更清楚

图 11-79　异型阴极结构铝电解槽阳极底掌下电解槽电解质中 Y 向水平电磁力截面（N）

(a) $z = 0.964$；(b) $z = 0.966$

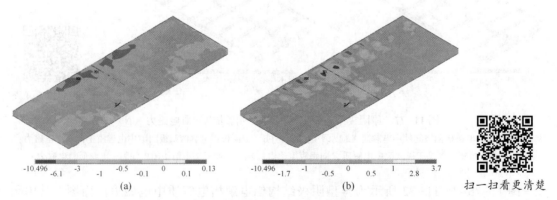

扫一扫看更清楚

图 11-80　异型阴极结构铝电解槽阳极底掌下电解质中 Z 向垂直电磁力截面（N）

(a) $z = 0.964$；(b) $z = 0.977$

　　由图 11-73～图 11-77 可知：原阴极铝电解槽阳极底掌下电解质中，距离阴极表面越远，X 向、Y 向水平电磁力的正负向值均升高，Z 向垂直电磁力则正向值升高，电磁力矢量和也升高，至阳极间隙时，电解质的 X 向、Y 向和 Z 向以及矢量和均达到最高。

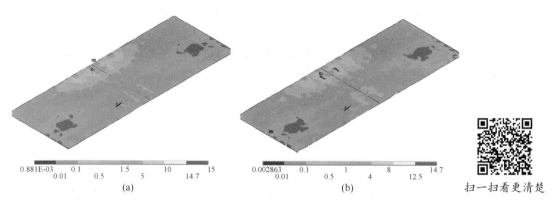

扫一扫看更清楚

图 11-81 异型阴极结构铝电解槽阳极底掌下电解质总电磁力截面（N）

（a）$z=0.964$；（b）$z=0.977$

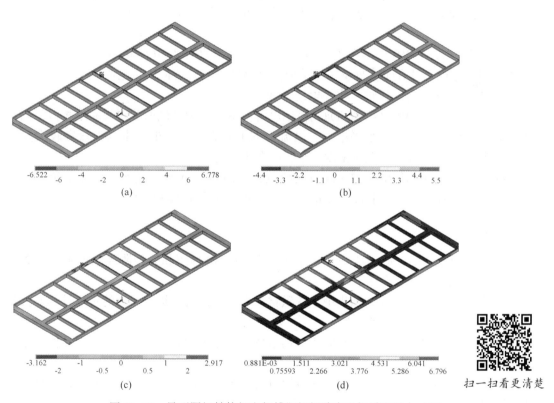

扫一扫看更清楚

图 11-82 异型阴极结构铝电解槽阳极间隙中电解质电磁力（N）

（a）异型阴极结构铝电解槽阳极间隙中电解质 X 向水平电磁力；（b）异型阴极结构铝电解槽阳极间隙中电解质
Y 向水平电磁力；（c）异型阴极结构铝电解槽阳极间隙中电解质 Z 向垂直电磁力；（d）异型阴极结构铝电解槽
阳极间隙中电解质总电磁力

由图 11-78～图 11-82 可知：异型阴极结构铝电解槽阳极底掌下电解质中，距离阴极
表面越远，X 向水平电磁力的负向值升高，正向值降低，Y 向水平电磁力的负向值升高，
正向值降低，Z 向垂直电磁力负向值降低，正向值升高，电磁力的矢量和则变化不大，至
阳极间隙时，除 X 向外，电解质的 Y 向、Z 向的矢量和均降低。

综上所述，异型阴极结构铝电解槽与原阴极铝电解槽电解质中的电磁力分布趋势不同，但其值大小差别不大，原阴极铝电解槽电解质中的总电磁力在离阴极上表面越远处其值越大，至阳极间隙时达到最高，而异型阴极结构铝电解槽的总电磁力在阳极底掌下变化不大，分布均匀，至阳极间隙时降低。

11.3　本 章 小 结

11.3.1　电场

本章采用有限元法，应用 ANSYS 软件对原阴极铝电解槽和异型阴极结构铝电解槽的电场进行了仿真研究，得到的结论如下：

（1）铝电解槽内导体电阻电压主要降落在电解质上，异型阴极结构铝电解槽的电解质电压降比原阴极铝电解槽的电解质电压降降低 0.38V，从而说明异型阴极结构铝电解槽更加节能；

（2）异型阴极结构铝电解槽铝液中电流分布规律与原阴极铝电解槽铝液中电流分布规律基本相似，不同之处在于：异型阴极结构铝电解槽中铝液 Z 向垂直电流减小，阴极凸台表面上部的铝液中 X 向（长轴）水平电流增加；

（3）异型阴极结构铝电解槽和原阴极铝电解槽电解质中电流的分布及大小相似，阳极投影下面的电解质中几乎无水平电流，电流基本上垂直向下，电流密度矢量和较大且均匀，阳极侧面电解质的 Z 向电流密度较小，存在水平电流；

（4）异型阴极结构铝电解槽铝液与电解质交界面的 X 向和 Y 向水平电流的绝对值均小于原阴极铝电解槽铝液与电解质交界面的 X 向和 Y 向水平电流的绝对值。

11.3.2　磁场

本章采用有限元法，应用 ANSYS 软件对原阴极铝电解槽和异型阴极铝电解槽的磁场进行了仿真研究，得到结论如下：

（1）铝电解槽的磁力线大都集中于铁磁材料钢壳中，所以铝电解槽的磁场计算及其优化设计要充分考虑铁磁材料的影响；

（2）异型阴极结构铝电解槽与原阴极铝电解槽熔体中的磁力线基本上可以看作一个绕 Z 轴顺时针旋转的大漩涡；

（3）异型阴极结构铝电解槽和原阴极铝电解槽铝液与电解质中磁场分布规律相似，磁场值相差不大；

（4）异型阴极结构铝电解槽和原阴极铝电解槽铝液与电解质交界面磁场大小及其分布规律相差不大；

（5）在原阴极铝电解槽的铝液中选取若干点进行测量，其计算结果与测试结果基本吻合。

11.3.3　电磁力场

本章采用有限元法，应用 ANSYS 软件对原阴极铝电解槽和异型阴极铝电解槽的电磁场进行了仿真研究，得到的结论如下：

（1）异型阴极结构铝电解槽与原阴极铝电解槽铝液与电解质交界面上各方向的电磁力相比，其 X 向水平电磁力的负向值区域减小，Y 向水平电磁力和 Z 向垂直电磁力的负向值区域增加，但其值普遍较小，变化不大；

（2）异型阴极结构铝电解槽与原阴极铝电解槽铝液中的电磁力分布趋势不同，但其值大小差别不大，原阴极铝电解槽铝液中的总电磁力在离阴极上表面越近处其值越大，而异型阴极结构铝电解槽的总电磁力则是先减小，至阴极凹槽内升高；

（3）异型阴极结构铝电解槽与原阴极铝电解槽电解质中的电磁力分布趋势不同，但其值大小差别不大，原阴极铝电解槽电解质中的总电磁力在离阴极上表面越远处其值越大，至阳极间隙时达到最高，而异型阴极结构铝电解槽的总电磁力在阳极底掌下变化不大，分布均匀，至阳极间隙时降低。

12 复合材料显微结构轻量化设计实例

12.1 零维及多孔绝热材料——多孔材料等效导热系数的数值模拟

本节应用 Solid Works 软件建立轻质耐火砖模型，对不同气孔结构参数的耐火砖温度场进行模拟计算。并对比分析不同气孔结构参数的耐火砖导热系数变化情况。

12.1.1 模型建立

实验中用于测定不同气孔结构参数的耐火砖导热系数实验模型主要包括以下几个部分：上层和下层是已知导热系数的耐火砖、具有不同孔径方形孔的待测耐火砖、具有不同孔径圆柱形气孔的待测耐火砖和具有不同孔径球形孔的待测耐火砖。测试时，热量以传导形式经由耐火砖 A、待测耐火砖传向耐火砖 B 内表面，再由耐火砖 B 外表面向周围环境以对流和辐射的方式散发出去，此中心点的传热过程可以近似为一维稳态传热。其物理模型如图 12-1 和图 12-2 所示，其中图 12-1 所示为求待测耐火砖导热系数的实验模型，图 12-2 所示为方形气孔耐火砖的物理模型。

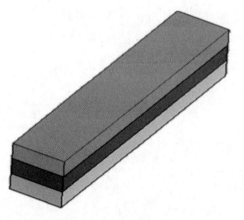

扫一扫看更清楚

图 12-1 耐火砖导热系数计算的物理模型

实体模型建立完成后，就要对模型进行合理网格划分，从而得到模型节点和网格单元。其中图 12-3 所示为测定耐火砖导热系数的有限元模型，图 12-4 所示为方形气孔耐火砖的有限元模型。

12.1.2 参数确定与边界条件

Solid Works 有限元热分析计算，需要各种材料的热学系数。表 12-1 给出了实验中涉及

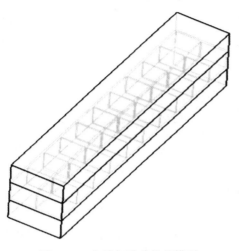

扫一扫看更清楚

图 12-2　方形气孔砖物理模型

图 12-3　耐火砖导热系数计算有限元模型

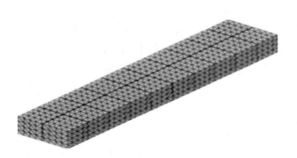

图 12-4　方形气孔砖有限元模型

到的材料导热系数。实验中通过多层壁传热原理来测定不同气孔结构参数的耐火砖导热系数。在实际中，耐火砖导热系数是由多种具有不同导热系数的材料共同决定的，耐火砖的导热系数是组成耐火砖的各种材料的导热系数与气孔中气体的导热系数加权平均的结果。为了使实验能够更好的检验气孔结构参数对耐火砖导热性能的影响，实验将耐火砖组成进行了简化。实验认为耐火砖的导热系数是由气孔内气体的导热系数以及另外一种混合物质的导热系数来共同决定的。气孔内的气体认为是空气。通过实际测量样品和模拟计算，得到混合物质的导热系数。

表 12-1　材料的导热系数

材料名称	导热系数/$W \cdot m^{-1} \cdot K^{-1}$
耐火砖 A	1. 4949
耐火砖 B	0. 17
空气	0. 027
混合物	1

本书在未考虑空气流场的情况下对模型进行了温度场的计算，其所应用的热场边界条件为：

（1）在模型上表面加对流边界。

（2）对流由均匀换热系数和常数的介质温度建模。

（3）在模型下表面采用第一类边界条件，令其温度为 1000K。

（4）在其他表面，采用绝热边界条件。

耐火砖和轻质砖的导热系数 λ 均来自实验数据，λ 随温度变化，模拟计算时，给定耐火砖 A 外表面温度为 1000K，在耐火砖 B 外表面给定对流强度。

12.1.3　气孔率对耐火材料导热系数的影响

当单层壁以热传导的方式进行传热时，平壁两侧保持稳定的温度。传热学理论认为当平壁的长度和高度是厚度的 8~10 倍以上时，可以认为平壁在长度和高度方向的温度基本不发生变化，只在厚度方向存在热量的传递，此时认为平壁内的温度场是一维稳态温度场。实际计算证明，当高度和宽度是厚度的 8~10 倍时，作为一维问题处理，误差不大于 1%。

在工业生产中，工业窑炉的炉壁是由多层不同性质的材料共同构成的多层平壁。例如，玻璃窑炉的熔化池是由耐玻璃液侵蚀的 F-AZS 砖、轻质耐火材料、无石棉硅钙板组成。由于玻璃窑炉炉壁的长度和高度是厚度的 10 倍以上，可以认为玻璃窑炉炉壁传热为一维稳态传热。假设两层不同材料构成的大平壁，各层的厚度分别为 S_1 和 S_2，导热系数分别为 λ_1 和 λ_2，均为常数。已知壁的两侧表面各保持均匀稳定的温度 t_1 和 t_3，且 $t_1 > t_3$。认为两层平壁之间结合紧密，无接触热阻，这样热量在传递过程中在两平壁接触面无损失。

在图 12-5 两层壁传热过程中，平壁的温度变化是稳态温度场，根据一维稳态温度场的原理，可以知道通过各层的热流是相等的。同时在进行平壁传热计算时，由于平壁的导热系数是随时间变化的，为了计算方便，不同平壁材料的导热系数应当在该层壁两侧算术平均温度下取值。

单一平壁单位时间内流经试样的热量是

$$q = \lambda S \frac{\Delta T}{h} \tag{12-1}$$

由此，可以知道通过平壁一的热量是

$$Q_1 = \lambda_0 S_1 (t_1 - t_2)/h_1 \tag{12-2}$$

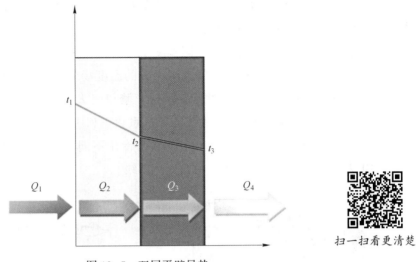

图 12-5　双层平壁导热

扫一扫看更清楚

通过平壁二的热量是

$$Q_2 = \lambda S_2(t_2 - t_3)/h_2 \tag{12-3}$$

由于在多层壁传热过程，认为是一维稳态传热，即通过不同平壁的热流量是相等的，也就是 $Q_1 = Q_2$。通过式（12-2）和式（12-3）可以得出：

$$\frac{S_1\lambda_0(t_1 - t_2)}{h_1} = \frac{S_2\lambda(t_2 - t_3)}{h_2}$$
$$\tag{12-4}$$
$$\lambda = \lambda_0 \frac{t_2 - t_3}{t_1 - t_2}$$

式中　λ——试样材料的导热系数，W/(m·K)；

　　　λ_0——已知材料的导热系数，W/(m·K)；

　　　h_1——试样的厚度，m；

　　　h_2——已知材料的厚度，m；

　　　S_1——试样的表面积，m^2；

　　　S_2——已知材料的表面积，m^2；

　　　t_1——已知材料的下表面温度，K；

　　　t_2——已知材料与试样的界面温度，K；

　　　t_3——试样的上表面温度，K。

由式（12-4）可知，通过已知耐火材料的导热系数，可以计算出未知耐火材料的导热系数。这样就可以通过建立多层壁的模型，利用已知导热系数的耐火砖层来求出具有不同结构参数的耐火砖的导热系数。通过改变耐火材料的气孔率，气孔形状和气孔孔径，得到不同参数的耐火砖，通过有限元分析软件得到耐火砖的温度分布情况，取其耐火砖表面的平均温度，从而求得该耐火砖的导热系数。

　　这一节将模拟具有不同气孔率的耐火砖温度分布，分析耐火砖导热系数与气孔率的关系。计算时取模型中心线上点的温度值，带入式（12-3）中进行计算。对方形气孔耐火砖在不同气孔率下温度场变化进行截图，图 12-6～图 12-9 所示为气孔率分别为 45.04%、53.90%、65.28%、74.73% 的方形气孔耐火砖的温度场分布云图。通过有限元模型分析，得到具有不同气孔率耐火砖的温度分布情况，测得耐火砖同一表面的不同温度。利用式（12-4）计算得到不同结构参数耐火砖的导热系数。利用不同气孔结构参数的耐火砖在不同实验条件下的导热系数数值可以得到耐火砖在不同气孔率下导热系数分布曲线图。图 12-10 为方形气孔耐火砖的导热系数变化曲线。

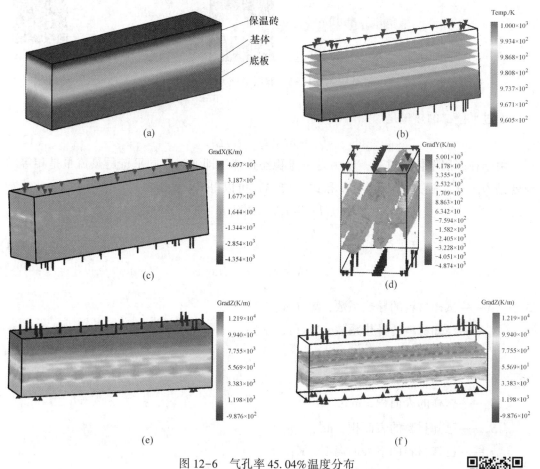

图 12-6　气孔率 45.04% 温度分布

（a）物理模型；（b）温度（ISO）；（c）温度梯度（X 轴），主视图；（d）温度梯度（Y 轴），ISO 侧视图；（e）温度梯度（Z 轴），主视图；（f）温度梯度等温截面 ISO（Z 轴），主视图

扫一扫看更清楚

　　从图 12-6～图 12-9 中可以看出耐火材料的导热系数随气孔率的升高而降低。无论耐火砖中气孔形状和孔径如何变化都遵循这一规律。说明气孔率与耐火材料的导热系数成反比关系。从图 12-7～图 12-9 中的导热系数曲线走势可以预测，随着耐火材料气孔率不断

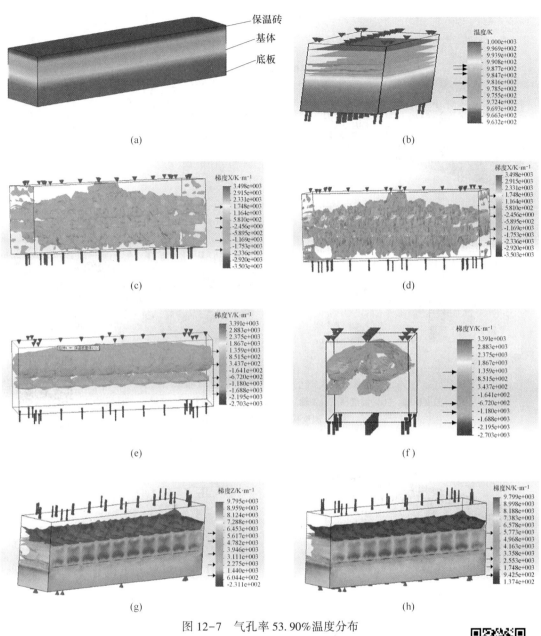

图 12-7　气孔率 53.90%温度分布

（a）温度梯度；（b）温度梯度（ISO）；（c）温度梯度（X轴），ISO侧视图；
（d）温度梯度（X轴），ISO侧视图；（e）温度梯度（Y轴），主视图；（f）温度梯度
（Y轴），ISO侧视图；（g）温度梯度（Z轴），主视图；（h）温度梯度等温截面 ISO
（Z轴），主视图

扫一扫看更清楚

地升高，这三种具有不同气孔形状的耐火材料的导热系数会逐渐趋近于气孔的导热系数
0.027W/（m·K）。

　　气孔率的降低，耐火砖的导热系数与材料引入气孔前的导热系数接近。这也反映出轻质耐火材料之所以具有良好的保温性能，较低的导热系数，正是由于引入气孔的缘故。气孔越多，材料的导热系数越低。

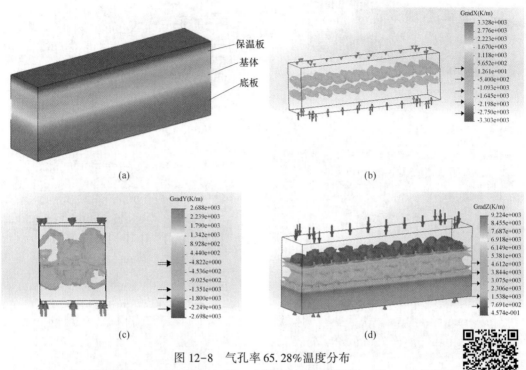

图 12-8　气孔率 65.28% 温度分布

（a）温度梯度；（b）温度梯度（X 轴），主视图；（c）温度梯度（Y 轴），ISO 侧视图；
（d）温度梯度（Z 轴），主视图

扫一扫看更清楚

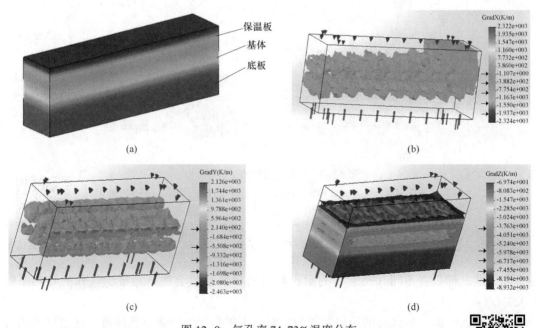

图 12-9　气孔率 74.73% 温度分布

（a）温度梯度；（b）温度梯度（X 轴），主视图；（c）温度梯度（Y 轴），主视图；
（d）温度梯度（Z 轴），主视图

扫一扫看更清楚

此外，由图 12-7~图 12-9 可知，当不考虑气体流动时，且材料中所有气孔为封闭气孔时，具有同一形状的耐火砖气孔在不同粒径下，导热系数随气孔率变化曲线是基本吻合的，导热系数在同一气孔率下变化率基本相似。

而当考虑到空气流动时，可以明显看到不同粒径气孔的耐火砖的导热系数随气孔率的变化曲线发生变化。虽然整体仍然是呈下降趋势，但是在同一气孔率下，导热系数的变化率发生了转变。这说明，空气的流动对耐火砖的保温作用是有影响的，通过图 12-7~图 12-9 中的（a）情况和（b）情况对比可以知道，在同一气孔率下，空气的流动会传递一部分能量，使得耐火砖导热系数升高。由此得出在实际耐火砖生产中要尽可能限制空气的流动，最有效的办法就是减小气体流动空间。由于耐火砖中的气体主要存在于耐火砖气孔中，所以应尽量减小耐火砖的气孔孔径。这一结论在下节中将得到进一步验证。

从表 12-2 和图 12-10 可以看出耐火材料的导热系数随气孔率的升高而降低。无论耐火砖中气孔孔径如何变化都遵循这一规律。从图 12-10 的曲线变化可以看到当气孔孔径为1.0mm、1.5mm 和 2.0mm 时，随着气孔率的升高，导热系数是减小的。这说明气孔率与耐火材料的导热系数成反比关系。这也反映出轻质耐火材料之所以具有良好的保温性能，较低的导热系数，正是由于引入气孔的缘故。气孔越多，材料的导热系数越低。同一气孔率下，不同孔径的气孔对耐火材料导热系数的影响：当不考虑气体流动时，且材料中所有气孔为封闭气孔时，方形气孔的尺寸对导热系数的大小影响非常小。同一气孔率下，导热系数基本不变，这说明空气流动对耐火砖的导热系数影响是非常明显的。当不考虑气体流动时，气孔孔径的大小对耐火砖导热系数基本没有影响。从图 12-10 中可以断定，随着孔径增大，耐火材料导热系数逐渐升高。这说明孔径越小，材料的保温性能更好。这是因为小孔限制了空气的自由流动，同时减少了固相之间热传递的路径。在耐火砖生产中，应尽可能降低耐火砖的气孔孔径。

表 12-2　方形气孔耐火砖的导热系数

粒径/mm	气孔率/%	导热系数/W·m⁻¹·K⁻¹
1	45.04	0.423705
1	53.90	0.343265
1	65.28	0.252127
1.5	45.04	0.426936
1.5	50.70	0.372206
1.5	57.37	0.314918
1.5	65.28	0.251937
1.5	74.73	0.183989
2	49.20	0.385383
2	53.90	0.348492
2	59.22	0.299849
2	68.25	0.226340

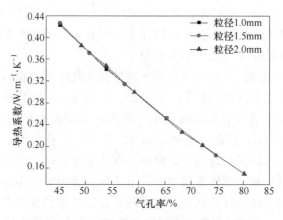

图 12-10　方形气孔耐火砖导热系数变化曲线

从图 12-10 中，发现气孔孔径变化对材料导热性能影响不是很明显，这是因为实际情况是相当复杂的，由于计算条件的限制，不得不做诸多的假设和简化（假设气孔大小一致，分布均匀，且均为闭孔，传热为一维传热等），且仿真中只能计算少量规则的封闭气孔，而实际上标准砖的气孔孔径大小并不统一，而且气孔内的空气是流动的，无法充分考虑耐火材料与外界空气的热交换。

12.2　一维材料增强复合材料——纳米 Al_2O_3 增强铝基复合材料力学性能

12.2.1　多粒子随机分布三维立方单胞模型

随着计算机计算能力的飞速发展，接近复合材料真实微观结构的单胞模型已经能够建立，其中最具有代表性的就是多粒子随机分布三维立方单胞模型。该模型与单粒子增强轴对称单胞模型相比能更好地反映复合材料的微观结构，分析结果更加合理，但模型建立和计算也更加复杂。

本节中纳米 Al_2O_3 增强铝基复合材料的物理模型生成的基本原则是粒子在立方单胞内随机分布，通过一定的限制条件使粒子之间既不互相重叠也不相互接触，以保证有限单元划分网格时不产生畸变单元。增强体粒子的几何形状一般为球体、椭球体或多面体，对于球体粒子，单胞中各参数的关系如下：

$$V_f = \frac{n\frac{\pi d^3}{6}}{L^3} = \frac{n\pi d^3}{6L^3} \tag{12-5}$$

式中　V_f——粒子的体积百分含量；

　　　n——单胞中的粒子数目；

　　　d——粒子的直径；

　　　L——立方单胞的边长。

单胞中粒子的位置一般通过随机函数给出，其中随机序列吸附方法（RSA）是最常用的方法。RSA 方法的主要思想是在基体单胞中逐个加入新的随机生成的增强体，依次判断其是否和已存在的增强体相交。如果有相交，则重新生成当前增强体的位置，再判断是否和已存在的增强体相交。如此循环，直到判定新的增强体与之前的增强体不相交，则接受当前的增强体，记录下位置，作为已存在的增强体之一。按照上述方法可以生成含有指定数目增强体的单胞模型，如图 12-11（a）所示。为了能够满足周期性边界条件，那些与立方体表面相交的球体被劈成适当的数目并复制到立方体相反的面上，劈分后的部分可以组合成完整的粒子，如图 12-11（b）所示。

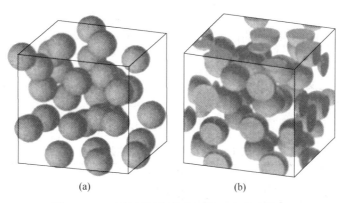

（a）　　　　　　　　　　（b）

图 12-11　多粒子随机分布三维立方单胞模型

（a）RSA 法生成的单胞模型；（b）满足周期性边界条件的单胞模型

由于增强体和基体界面附近的应力-应变变化非常大，为了尽量提高精度而又不至于使单元数过多，划分的网格应该在基体和增强体界面附近较密，在基体内部较为稀疏。除损伤失效分析外，一般假定基体和增强体界面结合完好，即界面上基体单元与增强体单元节点相互重叠。立方体的 3 个表面一般用等边三角形来划分网格，并且网格被复制到相反的面上。立方体相反的面上节点是成对的，目的是为了符合周期性边界条件。由于单元数量较大，而且界面多为曲面，难以用六面体单元划分，模型一般采取 10 节点四面体等参元，如图 12-12 所示。

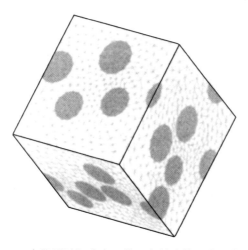

图 12-12　多粒子随机分布三维立方单胞模型表面典型网格

本节所用的模型为在细观尺度下的多粒子随机分布三维立方单胞模型，在增强粒子体积分数一定的情况下，通过控制粒子的数目来控制单胞模型的尺寸，通过一定的限制条件使粒子之间互相不重叠且不接触，粒子中心距单胞边界规定最小距离，保证在划分有限元网格时不会产生畸变单元。粒子和基体之间假设为理想连结状态，不发生脱落现象，假设Al_2O_3增强体粒子为线弹性体和各向同性，基体材料6061-T6铝合金为弹塑性材料，屈服强度为275MPa，具体弹性参数如表12-3所示。基体铝合金的应力-应变关系通过实验获得，应变率强化规律服从指数函数：

$$\frac{\sigma}{\sigma_0} = 1 + \left(\frac{\varepsilon}{\varepsilon_{\text{ref}}}\right)^m \tag{12-6}$$

式中　σ_0——准静态时的流动应力；

　　　ε——应变速率；

　　　ε_{ref}——参考应变速率；

　　　m——应变速率敏感系数。

模型中所涉及的材料的具体弹性参数见表12-3。

表12-3　材料的具体弹性参数

材料	6061Al	Al_2O_3
弹性模量/$N \cdot m^{-2}$	6.9×10^{10}	2.2×10^{11}
抗剪模量/$N \cdot m^{-2}$	2.6×10^{10}	9.0×10^{10}
泊松比	0.33	0.22
质量密度/$kg \cdot m^{-3}$	2700	2300

本节采用半径R为100nm的小球Al_2O_3粒子，基体边长为748nm的立方单胞模型，一个小球粒子的体积占立方单胞的体积刚好为1%，如图12-13所示。

12.2.2　加载过程

为了分析复合材料的应力-应变响应，在上表面上加载应力大小与时间的关系见表12-4，沿图12-13中箭头标示的均匀应力，步长由软件自动控制，外加应力值由加载时间得到。

表12-4　加载应力大小与时间的关系

时间/s	1	2	4	6	8	10	12	14	16	18	20
应力/MPa	30	44	62	81	100	115	130	140	149	155	160

12.2.3　结果分析与讨论

12.2.3.1　应力-应变曲线分析

图12-14所示为软件模拟得到的结果，图中显示了在给定形状为球形的Al_2O_3粒子增强相不同体积率下（体积率为1%，2%，4%）复合材料的单向拉伸应力-应变曲线。

由图12-14可以看出，随粒子体积分数的增加，复合材料的屈服强度和流动应力越大。随着Al_2O_3粒子体积率越大，复合材料的流动应力和硬化速率就越大。

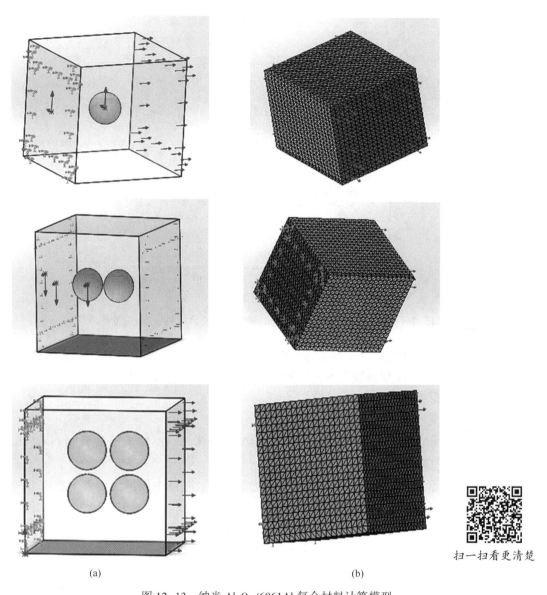

(a)　　　　　　　　　　　　　　　　(b)

扫一扫看更清楚

图 12-13　纳米 Al_2O_3/6061Al 复合材料计算模型

（a）1%，2%，4%（体积分数）的纳米 Al_2O_3/6061Al 复合材料计算模型；（b）1%，2%，4%（体积分数）的
纳米 Al_2O_3/6061Al 复合材料网络化模型

　　这三种材料都没有明显的屈服点。材料具有相近的应变硬化规律，且其应力随应变的增加而增加。当复合材料达到一定的应变时，进入屈服状态后，材料的应变硬化减弱，随应变增加，材料的流动应力基本不变。这三种材料的应力-应变曲线都比较相似，应变硬化率基本同增同减，比较同步，这是因为在模拟中假设粒子与基体是理想黏合的，没有脱黏现象的，也就是没有考虑粒子的开裂及粒子与基体之间的破坏作用。

　　按照实际情况，当应力-应变达到一定程度时，复合材料内部可能会发生损伤，增强粒子会随之开裂，大粒子破碎成小粒子，从而降低复合材料流动应力；或者基体与粒子之

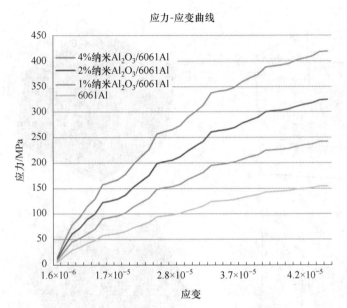

图 12-14　不同粒子含量（1%，2%，4%）的复合材料应力-应变曲线

间黏结失效，使复合材料流动应力降低。在应变达到一定程度以后，复合材料的应力-应变曲线与基体的应力-应变曲线基本上平行，复合材料基本上和基体材料具有相同的硬化性质，其屈服行为主要取决于基体材料。

12.2.3.2　复合材料应力分布

图 12-15 所示为不同体积率（1%，2%，4%）纳米 Al_2O_3 粒子的复合材料在 150~280MPa 范围内的应力分布图。

基体图中左面为固定端，右面红色箭头为加载方向，基体中颜色代表大于此应力大小的应力集中的区域，空白部分即为没有该应力分布的区域。由图 12-15 可见，应力在150MPa 时，应力基本集中在基体和粒子上，在靠近固定端面的基体应力集中开始往中心收缩。从 150MPa 到 160MPa 时，应力集中区通过 Al_2O_3 增强体渗透到复合材料的内部引起复合材料内应力发生变化，内应力所覆盖体积区域越来越集中到粒子上以及粒子周围的基体上，而内应力平均大小则比外基体所受到的平均应力大。说明荷载开始由基体传递到粒子上，此时粒子开始承受大部分的荷载。应力在 170MPa 以上，大部分应力集中在增强体以及增强体之间及其周边的基体上，小部分应力集中在固定端面边缘上。

比较不同体积率下粒子在同一应力下的应力分布，如图 12-15 所示，在 170MPa 时，应力集中所覆盖区域的体积，随着粒子体积百分数的增加而增大。在 240MPa 和 280MPa 时，亦是如此，由此可说明，在拉伸过程中，增强粒子的平均受力要比基体中所受平均应力大很多，粒子承担了大部分的载荷，可见粒子的存在使复合材料的整体强度得到了提高。

12.2.3.3　粒子内部应力分析

图 12-16 中，左边为基体未被隐藏的单胞模型中心截面图，右边则为将 6061Al 基体隐藏了的截面图。2% 粒子截面图，两个小球粒子大部分对应的应力大小大概在 240~300MPa 内，在加载方向上两粒子之间有十分之一左右的部分对应的应力在 300MPa 以上。

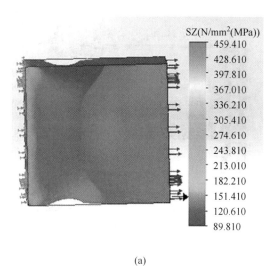

(a)

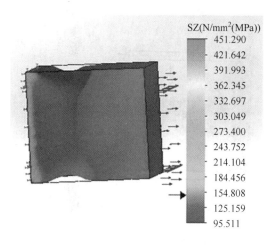

(b)

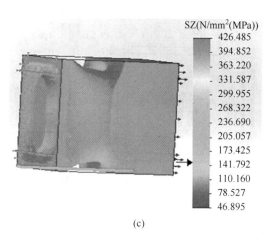

(c)

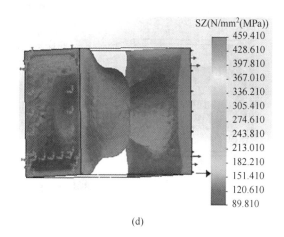

(d)

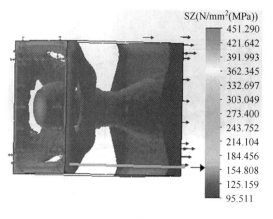

(e)

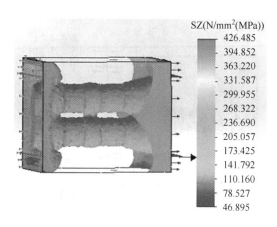

(f)

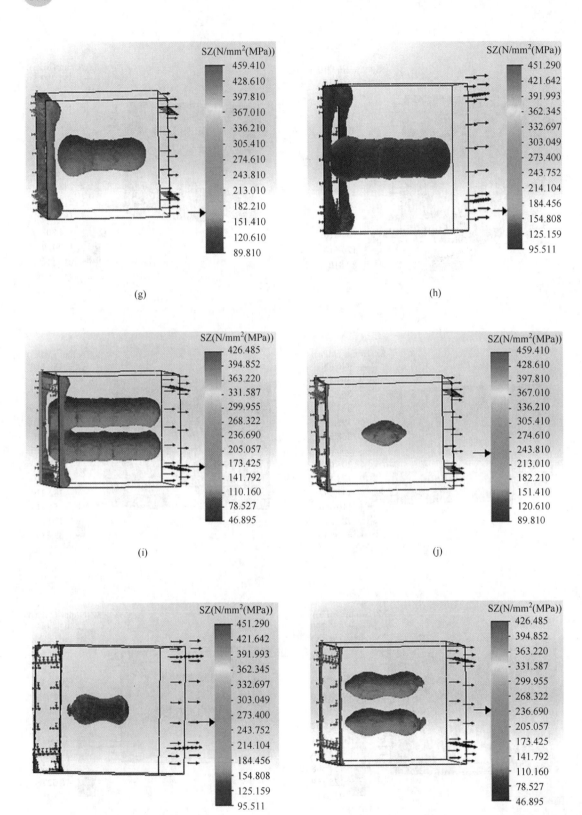

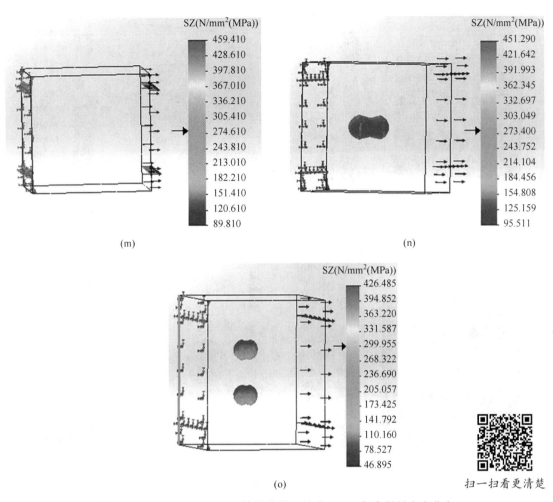

扫一扫看更清楚

图 12-15 1%、2%、4%（体积分数）纳米 Al_2O_3 复合材料应力分布

（a）150MPa，1%（体积分数）粒子复合材料的应力分布；（b）150MPa，2%（体积分数）粒子复合材料的应力分布；
（c）150MPa，4%（体积分数）粒子复合材料的应力分布；（d）160MPa，1%（体积分数）粒子复合材料的应力分布；
（e）160MPa，2%（体积分数）粒子复合材料的应力分布；（f）160MPa，4%（体积分数）粒子复合材料的应力分布；
（g）170MPa，1%（体积分数）粒子复合材料的应力分布；（h）170MPa，2%（体积分数）粒子复合材料的应力分布；
（i）170MPa，4%（体积分数）粒子复合材料的应力分布；（j）240MPa，1%（体积分数）粒子复合材料的应力分布；
（k）240MPa，2%（体积分数）粒子复合材料的应力分布；（l）240MPa，4%（体积分数）粒子复合材料的应力分布；
（m）280MPa，1%（体积分数）粒子复合材料的应力分布；（n）280MPa，2%（体积分数）粒子复合材料的应力分布；
（o）280MPa，4%（体积分数）粒子复合材料的应力分布

这说明在拉伸过程中，两粒子在接近基体屈服强度时，承担了大部分的载荷，而两粒子之间出现了较高的应力集中，是因为两粒子之间靠得很近，在拉伸过程中，由于基体的约束作用而互相受到挤压。在两粒子之间出现了 400MPa 以上的应力，而 6061Al 的屈服强度为 275MPa，在实际情况中，应力分布的不均匀导致了部分基体承受了比其他部分基体更大的应力集中，而这部分基体可能先达到屈服极限而产生脱黏现象，甚至造成基体产生微裂纹，使材料失效，由于模拟计算时没有考虑粒子或基体的断裂，而且假设基体与粒子结合良好，使得模拟计算得以延续。

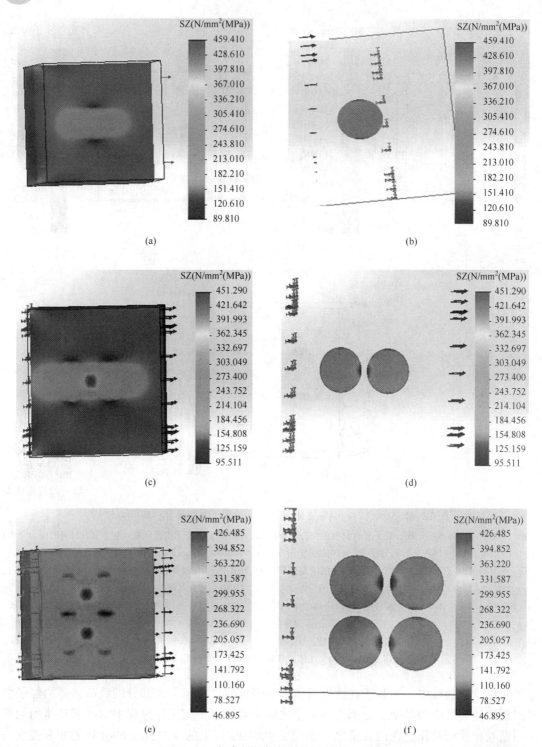

图 12-16　复合材料加载时粒子的应力分布

（a）1%（体积分数）粒子复合材料左视截面；（b）1%（体积分数）粒子复合材料
左视截面（基体隐藏）；（c）2%（体积分数）粒子复合材料左视截面；（d）2%（体积
分数）粒子复合材料左视截面（基体隐藏）；（e）4%（体积分数）粒子复合
材料左视截面；（f）4%（体积分数）粒子复合材料左视截面（基体隐藏）

扫一扫看更清楚

从图 12-16（c）~（e）中观察到，在两粒子赤道周围，所受应力较小，那是因为在拉伸过程中，粒子有变成椭球形的倾向，在粒子赤道平面会有收缩倾向，从而靠近此区域的基体所承受的应力会相应比较小。

综上所述，增强体能承受很大的应力，增强效果比较好，但是由于应力在中部过大，中间的基体很可能最先发生微洞裂纹导致整体材料失效，影响复合材料的整体性能。

图 12-17 所示为不同体积百分含量粒子加载荷的应变图。从图 12-17（a）（c）（e）中可以看出，粒子基本为深蓝色，而粒子周围的基体为绿色，两粒子之间的基体甚至出现红色，对应应变比色卡，说明在拉伸过程中粒子的应变非常小，而粒子周围的基体由于受到挤压约束作用，承受较大的压应力，平均应变比粒子和其他基体要大，特别是两粒子之间的基体应变最大，此区域基体最容易产生断裂。

从图 12-17（d）（f）中可以看出，在拉伸方向上，粒子颜色由蓝渐变到红，到两粒子之间时，颜色为红色。说明在粒子内部，由于粒子靠得很近，受到压应力较大，应变相应比其他部分要大。而在图 12-17（b）中，在拉伸方向上，粒子颜色由黄绿渐变到蓝色，这是因为基体中只有一个粒子增强相，没有粒子之间的挤压作用，应变呈现梯度规律变化。

综上所述，粒子的分布对复合材料的性能有一定的影响，粒子的间距不能太小，容易造成粒子间基体产生断裂，而导致材料失效。

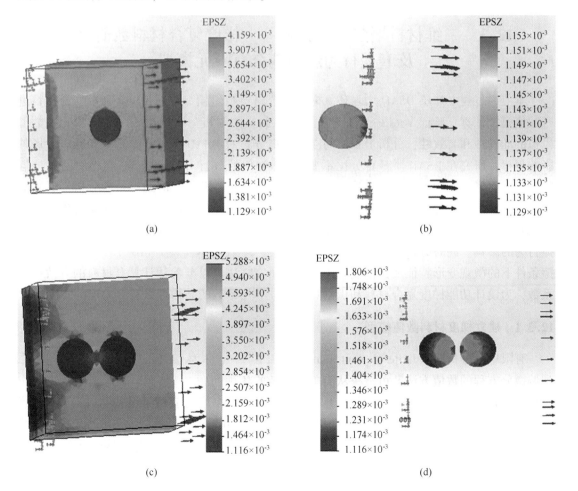

(a)

(b)

(c)

(d)

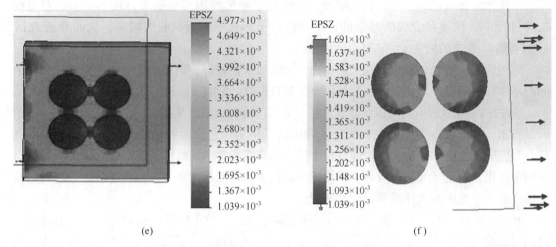

图 12-17　复合材料加载荷时粒子的应变

(a) 1%（体积分数）粒子复合材料基体截面；(b) 1%（体积分数）粒子复合
材料粒子截面；(c) 2%（体积分数）粒子复合材料基体截面；(d) 2%（体积分数）
粒子复合材料粒子截面；(e) 4%（体积分数）粒子复合材料基体截面；
(f) 4%（体积分数）粒子复合材料粒子截面

扫一扫看更清楚

12.3　二维材料增强复合材料——梯度复合材料数值建模及磨损行为热力耦合有限元模拟

本节通过建立片层 DSAD 增强环氧树脂复合材料数值模型，对 DSAD-EP 复合材料进行数值模拟计算，验证 Voronoi 单元建立 DSAD 的空间随机分布模型，采用有限元法数值模拟的准确性和有效性，分析 DSAD 的空间随机分布对 DSAD-EP 整体温度场和应力场的影响规律，研究在 DSAD 质量百分比不变时，DSAD 的数目对 DSAD-EP 复合材料整体温度场和应力场影响的本质原因。建立 DSAD-EP 复合材料模型，借助有限元分析工具，对 DSAD-EP 复合材料的热学和摩擦行为进行计算，重点研究复合材料摩擦磨损行为。讨论 DSAD 质量百分比，排列方式以及 DSAD 与环氧基体的界面结合状态对复合材料热学和摩擦行为的影响。同时分析了 DSAD-EP 复合材料、环氧基体以及 DSAD-EP 界面在不同摩擦条件下的微观变形特征及其演变规律。本节研究方法可以准确估计复合材料的有效导热系数，为设计功能梯度复合材料和识别具有最佳导热系数的结构提供有力的理论支撑。

12.3.1　建立梯度材料数值模型

有限单元分析法（finite element analysis，FEA），也称为有限元法，是求解场问题系列偏微分方程的数值方法，可解决从简单到复杂的各种问题。“单元”表示离散的方程求解域，“有限”指与整个模型尺寸相比之下适度小。FEA 广泛应用于很多学科，如机械设计、声学、电磁学、岩土学、流体动力学等。有限元分析可借助有限元离散理论和计算机来求解以前无法求解的各类复杂问题。应用有限元软件分析问题时遵循三个基本步骤：

（1）预处理，建立数学模型，添加材料属性，施加载荷和约束，网格划分；

（2）求解，计算所需结果；

（3）后处理，分析结果。

本章利用三维有限元计算软件 Solid Works 2018 Simulation 完成 DSAD-EP 复合材料的温度场-应力场的耦合计算。计算流程如图 12-18 所示。

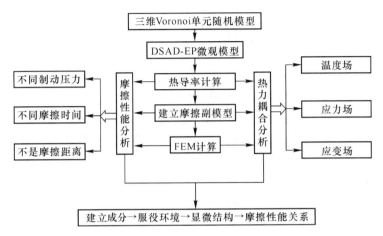

图 12-18　DSAD-EP 复合材料的热力耦合有限元计算流程

（1）采用 Voronoi（三维泰森）模型单元随机模型获得离散片层状 DSAD 的随机分布；

（2）采用三维建模软件 Solid Works 2018 建立 DSAD-EP 复合材料数值模型，生成计算网格；

（3）计算 DSAD-EP 复合材料热导率；

（4）建立摩擦副材料的微观模型，确定设备材质，加载边界条件常数或函数，进行热力耦合分析，获得压力和温度场，应力场和应变场的分布规律；

（5）建立摩擦副材料的宏观模型，确定设备材质，加载边界条件常数或函数，进行摩擦性能分析，获得不同压力、不同摩擦时间、不同摩擦距离工况下摩擦材料的温度场、应力场和应变场的分布规律；

（6）建立摩擦材料成分、服役环境、显微结构和摩擦性能之间关系。

利用以上有限元计算可以显著缩短 DSAD-EP 复合材料工艺参数探索时间，有效降低实验成本。

12.3.2　基础理论

12.3.2.1　温度场计算数学方程式

Solid Works 2018 求解热场的理论基础是热平衡方程，实质是对热场微分方程做相应的泛函求极值的过程，三维瞬态热场的场变量 $T(x, y, z, t)$ 在直角坐标系中要满足微分方程式（12-7）：

$$\frac{\partial}{\partial x}\left(K_x \frac{\partial T}{\partial x}\right) + \frac{\partial}{\partial y}\left(K_y \frac{\partial T}{\partial y}\right) + \frac{\partial}{\partial z}\left(K_z \frac{\partial T}{\partial z}\right) = C \frac{\partial T}{\partial t} \tag{12-7}$$

式中　K_x，K_y，K_z——材料三维方向的导热系数，随温度而变化；

T——温度；

t——时间；

C——材料的比热容。

物体各点的温度不随时间变动，这种热场称为稳态热场，即 $\dfrac{\partial T}{\partial t} = 0$，由式（12-8）来描述：

$$\frac{\partial}{\partial x}\left(K_x \frac{\partial T}{\partial x}\right) + \frac{\partial}{\partial y}\left(K_y \frac{\partial T}{\partial y}\right) + \frac{\partial}{\partial z}\left(K_z \frac{\partial T}{\partial z}\right) + q = 0 \tag{12-8}$$

式中　q——单位产生的热量。

12.3.2.2　热应力场计算数学方程式

摩擦材料的工作状况决定热应力问题必须满足如下的控制方程组及其定解条件：热传导方程、热弹性运动方程、本构方程和几何方程。热弹性运动方程、本构方程和几何方程如式（12-9）~式（12-11）所示。

热弹性运动方程为

$$\begin{cases} \dfrac{\partial \sigma_x}{\partial x} + \dfrac{\partial \tau_{yx}}{\partial y} + \dfrac{\partial \tau_{zx}}{\partial z} + F_x = \rho \dfrac{\partial^2 u}{\partial t^2} \\[2mm] \dfrac{\partial \tau_{xy}}{\partial x} + \dfrac{\partial \sigma_y}{\partial y} + \dfrac{\partial \tau_{zy}}{\partial z} + F_y = \rho \dfrac{\partial^2 v}{\partial t^2} \\[2mm] \dfrac{\partial \tau_{xz}}{\partial x} + \dfrac{\partial \tau_{yz}}{\partial y} + \dfrac{\partial \sigma_z}{\partial z} + F_z = \rho \dfrac{\partial^2 w}{\partial t^2} \end{cases} \tag{12-9}$$

式中　σ_x，σ_y，σ_z，τ_{xy}，τ_{yx}，τ_{zx}，τ_{zy}，τ_{xz}，τ_{yz}——应力分量，Pa；

$\qquad\quad F_x$，F_y，F_z——力分量，Pa；

$\qquad\quad u$，v，w——位移矢量分量，m。

本构方程为

$$\begin{cases} \varepsilon_{ij} = \dfrac{1}{2G}\sigma_{ij} - \dfrac{3v}{E}\sigma_0 \delta_{ij} \\[2mm] \delta_{ij} = 2G\varepsilon_{ij} + \lambda \theta \delta_{ij} \end{cases} \tag{12-10}$$

$$i, j = x,\ y,\ z;\ \delta_{ij} = \begin{cases} 1 & i = j \\ 0 & i \neq j \end{cases}$$

式中　λ，G——Lame 系数，$\lambda = \dfrac{Ev}{(1+v)(1-2v)}$，$G = \dfrac{E}{2(1+v)}$；

$\qquad\quad E$——弹性模量，MPa；

$\qquad\quad \nu$——材料的泊松比。

几何方程为

$$\begin{cases} \varepsilon_x = \dfrac{\partial u}{\partial x} \\[2mm] \varepsilon_y = \dfrac{\partial v}{\partial y} \\[2mm] \varepsilon_z = \dfrac{\partial w}{\partial z} \end{cases} \quad \begin{cases} \gamma_{yz} = \dfrac{\partial w}{\partial y} + \dfrac{\partial v}{\partial z} \\[2mm] \gamma_{xz} = \dfrac{\partial w}{\partial x} + \dfrac{\partial u}{\partial z} \\[2mm] \gamma_{xy} = \dfrac{\partial u}{\partial y} + \dfrac{\partial v}{\partial x} \end{cases} \tag{12-11}$$

式中 ε_x，ε_y，ε_z——正应变；

γ_{yz}，γ_{xz}，γ_{xy}——剪应变。

这里应变和位移是应力和温度变化共同作用引起的。因此，应变中由应力引起的部分服从胡克定律，而应变中由温度变化引起的部分则服从热膨胀规律。

12.3.3 导热系数预测

复合材料的热导率主要由低热导率的环氧基体决定。将不同形状片层 DSAD 添加到环氧基体中，DSAD 可以通过在环氧基体中形成导热路径，增加复合材料的热导率。片层状 DSAD 之间距离越近，则环氧层厚度越小，复合材料更易于导热。

复合材料的热导率很大程度上取决于填料浓度，因为填料的热导率很高，加入高导热的 DSAD 可以提高复合材料的导热性。因为导热良好的 DSAD-EP 复合材料利于快速耗散摩擦热，可获得良好的抗热衰退性能，因此有必要深入研究复合材料显微结构与导热率的关系。

数值模拟分析材料显微结构与导热率关系的方法包括普通有限元法、均匀化法、胞元法、无网格方法、杂交多边形单元法（HPE）以及 Voronoi 单元有限元法（VCFEM）等。本节采用 Voronoi 单元法建立按照拓扑结构分布的 DSAD 弥散模型，研究添加 DSAD 的 DSAD-EP 复合样品的随机形态的快速数值建模方式，最后结合有限元软件 Solid Works 2018 进行热力耦合分析。

12.3.3.1 Voronoi（三维泰森）模型

编程构造 3D Voronoi 单元，建立 DSAD-EP 复合材料显微结构数值模型。每一片 DSAD 即为一个 Voronoi 单元，从而得到 DSAD 增强复合材料的 Voronoi 单元计算模型，可研究 DSAD 空间随机分布对整体温度场和应力场影响的根本原因。应用有限元软件分析问题时遵循以下基本步骤：

（1）编写 3D max 的计算机代码，利用不同随机影响因子完善基于 Voronoi 分布的 DSAD-EP 复合材料的模型，如图 12-19 所示。其中图 12-19（a）是 Voronoi 粒子数生成器，可以任意输入 DSAD 的数目，本例为 10。图 12-19（b）是 3D Voronoi 空间取向及粒子间距生成器，可以自由输入取向范围和间距数值。图 12-19（c）是完成粒子表面微观结构细化生成器。

（2）利用三维建模软件 3D max 建立基于 Voronoi 模型的 DSAD-EP 显微结构数值模型，模型存储为 .stl 格式，并导入 Solid Works 2018 完成理论模型建立。

（3）通过布尔运算建立起 DSAD 占 DSAD-EP 复合材料不同百分数的显微结构数值模型。

（4）添加材料属性，施加载荷和约束，划分网格，计算热和摩擦性能，分析模拟数据。

12.3.3.2 复合材料形态

因为 DSAD 具有随机的空间分布特性，很难预测和控制 DSAD-EP 复合材料的有效属性。采用 Voronoi 空间取向及粒子间距生成器能够体现 DSAD 微观形态以及随机取向分布，如图 12-20 所示。由图可知，DSAD-EP 复合材料中 DSAD 百分比较低时，DSAD 随机分散在 DSAD-EP 基体中。随着 DSAD 量增加，DSAD 片状倾向于与复合材料表面平行排列，随着 DSAD 填充比增大，片状取向改变导致导热路径变化，从而影响复合材料热导率。

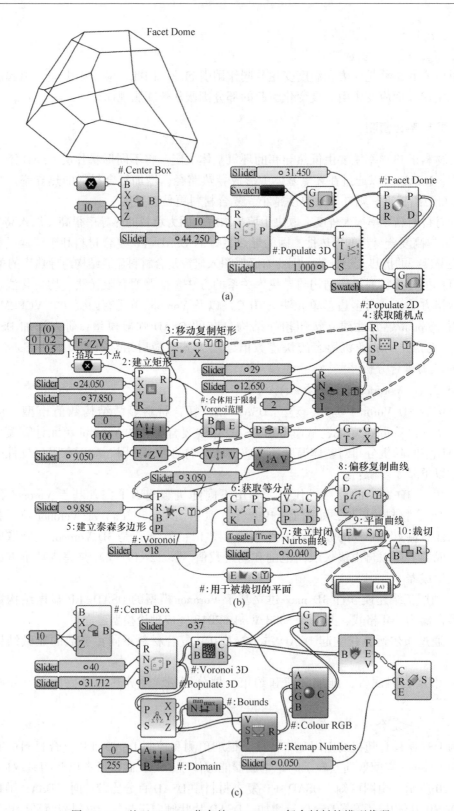

图 12-19 基于 Voronoi 分布的 DSAD-EP 复合材料的模型代码

（a）Voronoi 粒子数生成器；（b）3D Voronoi 空间取向及粒子间距生成器；（c）完成粒子表面微观结构细化生成器

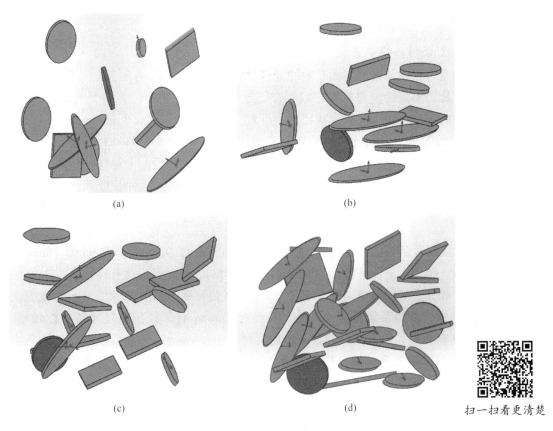

扫一扫看更清楚

图 12-20 采用 Voronoi 空间取向及粒子间距生成器得到的不同填充比的 DSAD 微观形态以及随机取向分布
质量分数：（a）20%；（b）40%；（c）60%；（d）80%

DSAD 为增强材料，弹性模量 $E=400\mathrm{GPa}$，泊松比 $\nu=0.20$，热导率为 $10\sim12\mathrm{W/(m\cdot K)}$。环氧为基体材料，作为黏塑性材料，变形行为由黏塑性本构模型来描述，环氧基体热导率为 $0.15\sim0.8\mathrm{W/(m\cdot K)}$。图 12-21 是在软件 Solid Works 2018 中通过布尔运算建立起的 DSAD 占 DSAD-EP 复合材料 40% 的显微结构数值模型，图 12-21（a）中环氧基体尺寸为 $0.2\mathrm{mm}\times0.2\mathrm{mm}\times0.16\mathrm{mm}$。DSAD 按照 SEM 照片实际尺寸分别用直径 $10\sim50\mu\mathrm{m}$ 圆盘形，边长 $20\mu\mathrm{m}$ 的正方形以及椭圆形绘制。图 12-21（b）是添加材料属性，施加载荷和

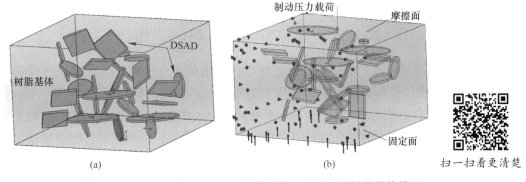

扫一扫看更清楚

图 12-21 DSAD 占 DSAD-EP 复合材料 40% 的显微结构数值模型

约束示意图，经过划分网格可以计算热和摩擦性能。网格采用雅克比4点划分规则生成高品质自由网格，最小间距0.001mm。

12.3.3.3 复合材料导热系数

完全致密的复合材料与具有界面孔隙的复合材料之间的主要区别在于，完全致密的复合材料具有缩放比例不变性（意味着它们的有效导热系数不取决于计算模型的尺寸），而具有界面多孔性的复合材料则没有缩放比例不变性。出现这种长度比例依赖性的原因是，随着计算模型参数的减小，成分之间的界面表面比增加。由于DSAD-EP复合材料的两种组分均具有封闭的微孔。因此，随着Voronoi计算模型的细化，DSAD-EP界面效应（如由于界面孔隙引起的界面效应）变得更加重要。在实践中，这种长度尺度的依赖性意味着具有界面热障的复合材料的有效导热系数通常会随着显微结构长度尺度的减小而降低。

由于这种长度尺度依赖性，为包含孔隙的模拟单元分配了0.2mm×0.2mm×0.16mm计算模型尺寸参数。两种模型，一种是界面致密的复合材料，一种具有微孔结构。

计算表明，成分之间的界面结构影响了DSAD-EP热导率，如图12-22所示。在完美致密的复合材料中，导热系数与尺寸无关，并且对Voronoi计算模型的尺寸依赖性较小。相比之下，在具有界面孔隙率的DSAD-EP复合材料中，Voronoi计算模型尺寸和结构会极大地影响热导率：比表面积较高的大尺寸Voronoi计算模型具有较低的热导率，且热导率随Voronoi计算模型的减小而减小，计算结果与Torquato有效导热系数计算数据相一致。

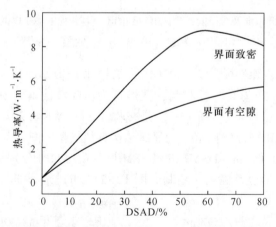

图12-22 成分之间的界面结构影响DSAD-EP热导率

图12-23清楚地显示了DSAD填充比对界面致密的复合材料热导率的强烈影响。当DSAD量从20%增加到60%时，热导率从3.71W/（m·K）急剧增加到8.94W/（m·K）。但是，当DSAD浓度增加到80%时，热导率便降低到8.05W/（m·K），高DSAD填充比将会使DSAD取向从无规则的随机取向转变为相互小角度接触，将片状填料间的接触状态由低填充时的点接触、线接触转变成接触面积更大的面接触。这种转变拓宽了某一空间取向上的导热路径，其在图12-23中表现为0~60%范围内DSAD-EP热导率的提高。但是这种强

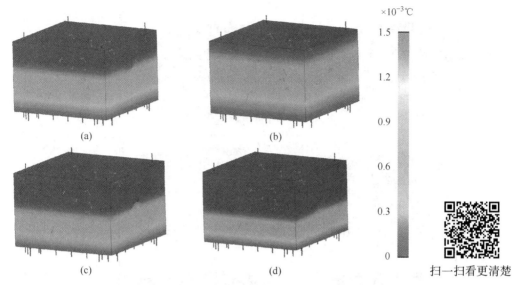

图 12-23 DSAD 含量对界面致密 DSAD-EP 的热导率的影响

质量分数：(a) 80%；(b) 60%；(c) 40%；(d) 20%

化在 DSAD 填充量大于 80%时，将会造成 DSAD-EP 由各向同性转向各向异性，从而使复合材料的整体热导率下降。

使用有限元软件微孔结构与有效热导率之间的定量关系进行数值模拟，并统计界面气孔率和封闭微孔率，以确定两者对热导率的影响。总气孔率（包括封闭孔隙和界面孔隙）占复合材料总体积 7%，其中环氧基体气孔率为 4%，DSAD 气孔率为 61%，其余 35%占据了组分之间界面，微孔尺寸 10~140μm。

为了探明界面孔隙是如何充当热障，阻止了热量通过 DSAD-EP 界面传输的原理，采用以下计算策略：

（1）假设 DSAD 和环氧基体间的界面孔隙层是连续的；

（2）将环氧基体的导热系数分配给成分 1，将 DSAD 的导热系数分配给成分 2，将 K 气体导热系数（0.024W/(m·K)）分配给孔结构；

（3）假设的 K 气体值仅对表面连接的界面气孔率有效。

复合材料中封闭的微孔可能会被抽空或处于低气压状态，从而导致较低热导率。因为微孔结构的热阻已经比固体材料的热阻高出几个数量级，热量主要通过固体基质在微孔周围流动，因此这种差异不会影响结果。

计算表明：

（1）与图 12-22 在界面孔隙情况下，对不同填充比的 DSAD-EP 复合材料的热导率计算结果一致。在界面有孔隙情况下，填充比为 80%的 DSAD-EP 复合材料表现出更高的热导率，如图 12-24 所示。与图 12-23 对比可知，界面的孔隙对复合材料的热性能具有重要影响。

（2）室温下，跨界面孔隙的热传递占传导主导地位，界面孔隙引起的热阻使得穿过 DSAD-EP 界面的热通量相对于穿过固体材料的热通量可以忽略不计。

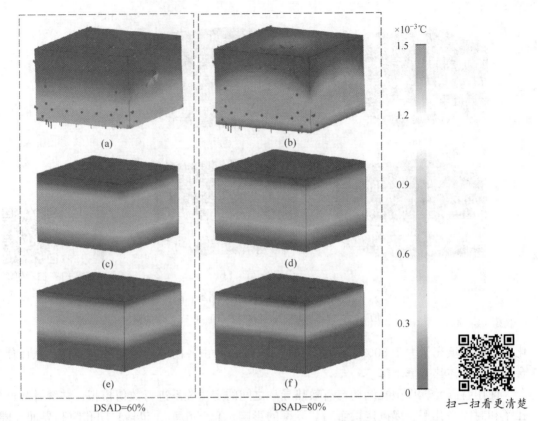

图 12-24　不同 DSAD 填充比中界面孔隙率对 DSAD-EP 的热导率影响
（a）（b）15%；（c）（d）10%；（e）（f）5%

（3）通过比较由于界面孔隙引起的热阻与由于环氧树脂引起的热阻，发现界面孔隙度必须小于 600nm 才能显著提高有效导热系数。

（4）DSAD-EP 复合材料的导热系数低于简单的混合规则近似所预测的导热系数，这是残余孔隙率所致。

计算的有效热导率数值与 Torquato 等人使用强对比度扩展方法得出近似公式来预测完全致密复合材料的有效热导率，以及具有界面孔隙率复合材料的有效热导率结论一致。

对具有界面气孔率或微孔率的 DSAD-EP 复合材料热导率的影响的温度分布如图 12-25 所示。由图可知，具有界面孔隙率的复合材料比具有相同数量的微孔隙率的复合材料具有更低的热导率，热导率的差异随气孔率的增加而增大。因此，复合材料包含大致相等量的界面气孔率和微孔率，但是与微孔率相比，界面气孔率对导热性的破坏作用更大。与气孔率的界面复合材料，热流动的阻力更大单元蜂窝结构具有较高的表面积。这种对晶胞结构的依赖性与完全致密的复合材料的行为形成鲜明对比。

12.3.4　磨损行为模拟

对 DSAD 的填充比、压力以及摩擦距离对 DSAD-EP 复合材料的热应力、热应变及摩擦性能的影响进行数值模拟。

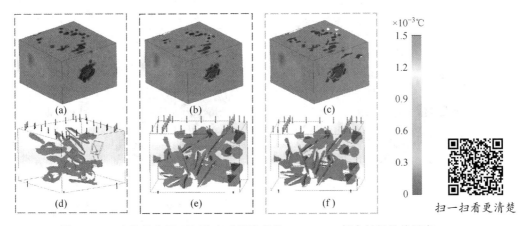

扫一扫看更清楚

图 12-25　比较具有界面气孔率或微孔率的 DSAD-EP 复合材料的热导率

（a）（d）40%；（b）（e）60%；（c）（f）80%((a)~(c) 是整体模型图，(d)~(f) 是 ISO 截面图)

12.3.4.1　DSAD-EP 热应力

模拟条件：压力 0.3MPa、1.0MPa、1.6MPa、2.0MPa。DSAD 填充比（质量分数）分别为 40%、80%；界面气孔率 1%、5%、10%、15%。

DSAD 填充比、压力以及界面孔隙率对 DSAD-EP 摩擦热应力的影响，如图 12-26 所示。由图可知，DSAD 含量对 DSAD-EP 复合材料的摩擦热应力行为影响显著，最大应变发生在与外加载荷方向约成 45°方向临近界面的基体处，随着 DSAD 质量分数增加，热应力则增加。计算还表明：在 DSAD 与 EP 的界面可能发生磨粒磨损，红色处是摩擦应力集中处。由图 12-26（a）~（d）和图 12-26（e）~（h）对比可知，当 DSAD 填充量为 80% 时复合材料具有更佳的热传导能力，可以将摩擦面产生的热较快地传导到基体的其他地方，摩擦时产生的热应力在摩擦过程中未发生明显的变化，平均热应力约为 80MPa，DSAD 与环氧基体的界面处出现磨屑的几率小，造成犁沟几率小，摩擦产生变形越小，磨损率越小，寿命越长；当 DSAD 填充比为 40% 时平均热应力约为 70MPa。

由于 80% 的 DSAD 填充比热应力最小，具有更佳的界面结合强度，界面处可能发生磨粒磨损的几率最小，原因是空间取向更多，容易形成更多的热传递通道，导热性更快。在生产中则通过严格控制 DSAD 与环氧基体的比例来满足复合材料的弹塑性界面抵抗变形的能力要低于复合材料基体弹性的原则，即环氧基体占 20%~35% 为最佳，DSAD 填充比占 65%~80% 为最佳。该计算结果与 Ghosh 引入互作用应力函数项，研究任意微结构形状的热导率获得的计算数据相一致。

12.3.4.2　DSAD-EP 热应变

模拟条件：压力 0.3MPa、0.6MPa、1.0MPa、1.3MPa、1.6MPa、2.0MPa。研究压力对填充比为 80%（质量分数）的 DSAD-EP 摩擦热应变的影响，计算数据如图 12-27 所示。

由图可知，压力对 DSAD-EP 摩擦热应变行为影响不明显，随着压力增加，热应变则增大，热应力在摩擦过程中未发生明显的变化，平均热应变约为 50μm。热应变集中在 DSAD 和环氧基体的界面处，基体的热应变大于 DSAD 的热应变。

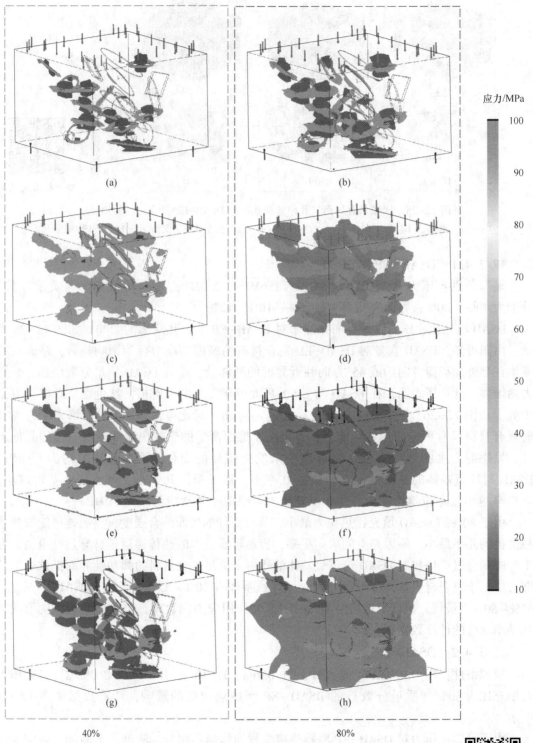

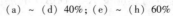

图 12-26　DSAD 填充比、压力以及界面孔隙率对 DSAD-EP 复合材料
摩擦热应力影响

(a) ～ (d) 40%；(e) ～ (h) 60%

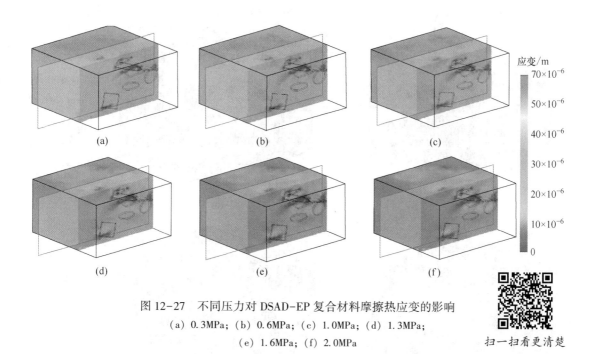

图 12-27　不同压力对 DSAD-EP 复合材料摩擦热应变的影响
(a) 0.3MPa；(b) 0.6MPa；(c) 1.0MPa；(d) 1.3MPa；
(e) 1.6MPa；(f) 2.0MPa

扫一扫看更清楚

当压力 $p=0.3\text{MPa}$ 时，平均热应变约为 $19\mu\text{m}$；当压力 $p=2.0\text{MPa}$ 时，平均热应变约为 $75\mu\text{m}$。

模拟条件：压力 2.0MPa。DSAD 填充比为 80%。摩擦距离 500m、1000m、2000m、2500m、3000m、3500m。研究摩擦距离对 DSAD-EP 摩擦热应变的影响，分析裂纹扩展规律。由图 12-28 可见，摩擦距离对 DSAD-EP 复合材料的摩擦热应力行为影响显著，随着摩擦距离增加，热应力增大，容易发生裂纹扩展现象。本书计算数据与 Ghosh 等人采用渐近均匀化理论与 Voronoi 单元相结合，计算弹塑性材料的多尺度效应的数据相一致。

12.3.5　本章小结

（1）利用 Voronoi 单元法建立拓扑结构分布 DSAD 随机弥散模型，采用有限元软件 Solid Works 2018 进行热力耦合计算，可以准确计算复合材料有效导热系数，获得温度场、力场数据；

（2）复合材料的残余孔隙降低了有效热导率，该热导率明显低于简单混合规则近似所预测的热导率；

（3）界面结构对 DSAD-EP 复合材料的热导率具有重要影响，其体现在高填充比下使 DSAD-EP 复合材料由各向同性转向各向异性，从而使复合材料的整体热导率下降；

（4）与微孔率相比，界面孔隙率对导热性的阻碍作用更大；

（5）热应力、热应变模拟表明，高填充比的 DSAD-EP 复合材料具有更佳的热传导能力，可以将摩擦面产生的热较快地传导到基体的其他地方，进而摩擦过程中减少两相间由于线膨胀系数差异造成的界面热应力，可以有效降低 DSAD-EP 复合材料的质量损失。

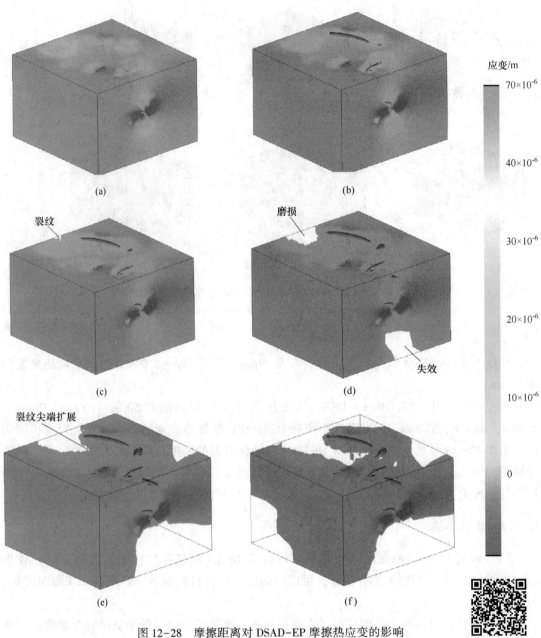

图 12-28　摩擦距离对 DSAD-EP 摩擦热应变的影响

（a）500m；（b）1000m；（c）2000m；（d）2500m；（e）3000m；（f）3500m　扫一扫看更清楚

12.4　三维材料增强复合材料——有限元分析 $Al_2O_{3(3D)}/Al$ 构效关系

本节利用有限元方法分析了 $Al_2O_{3(3D)}/Al$ 的结构和性能之间的联系。计算了 $Al_2O_{3(3D)}$ 附近微区应力场，对改善 $Al_2O_{3(3D)}/Al$ 的综合性能有重要意义。

12.4.1 计算过程

先打印 $Al_2O_{3(3D)}$ 素坯，把素坯烧成 $Al_2O_{3(3D)}$ 陶瓷。再把加热熔融的铝合金液体充满整个 $Al_2O_{3(3D)}$ 陶瓷孔隙，冷却凝固后，再经过 T6 热处理，得到 $Al_2O_{3(3D)}$/Al。增强相 $Al_2O_{3(3D)}$ 具有特殊拓扑结构，孔隙率和孔径可控制，连续铝基体和 $Al_2O_{3(3D)}$ 相互贯穿。

12.4.1.1 建模

为了简化计算，但又能够得到准确的模拟结果，使用如下理想化几何体模型：

（1）从 $Al_2O_{3(3D)}$/Al 中取出具有代表性的体积单元，即周期性的单胞模型，整个材料是由这样的单胞模型周期性排列组成。

（2）$Al_2O_{3(3D)}$ 和铝基体均具有连续性，两者的界面结合是理想的，忽略了两者的相互渗透作用，属于机械结合。

（3）$Al_2O_{3(3D)}$ 在铝基体中分布均匀。

（4）复合材料中没有掺杂其他物质。

根据 $Al_2O_{3(3D)}$/Al 相互贯穿的特殊结构，利用 Solid Works 建立 $Al_2O_{3(3D)}$/Al 有限元计算模型。建立 20mm×20mm×5mm 的铝基体模型，$Al_2O_{3(3D)}$ 模型直径为 0.2mm，用型腔将 $Al_2O_{3(3D)}$ 装配入铝基体中，如图 12-29 所示。

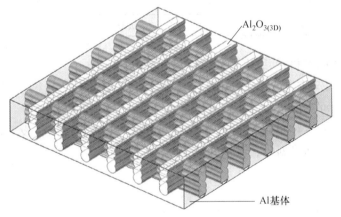

扫一扫看更清楚

图 12-29 $Al_2O_{3(3D)}$/Al 有限元计算模型

12.4.1.2 添加约束和载荷

创建静态分析后，根据实际工况对模型进行约束。在 Simulation 中的夹具类型有固定几何体、固定铰链、弹性支撑、轴承夹具、滚柱/滑杆等夹具类型，运用夹具可将几何模型的点、线、面进行约束。在算例设计树中用右键单击夹具符号，运用"固定几何体"夹具来固定单胞模型的下底面，限制了 X、Y、Z 方向上的移动和转动。

由于磨损试验中输入载荷为 20N、40N、60N、80N 和 100N，计算出磨损试验时其法向压强为 1.0~2.0MPa。在算例设计树中用右键单击载荷符号，选择"压力"，设定压力单位为 MPa，取值 1.0MPa 和 2.0MPa。固定面上出现的绿色符号即为夹具标志，红色箭头符号为载荷标志，如图 12-30 所示。

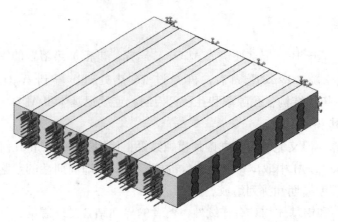

扫一扫看更清楚

图 12-30　约束条件与荷载位置分布

12.4.1.3　添加材料参数

Al$_2$O$_{3(3D)}$ 和铝合金材料参数见表 12-5。

表 12-5　Al$_2$O$_{3(3D)}$ 和铝合金材料参数

材料	密度 $\rho/\text{kg} \cdot \text{m}^{-3}$	弹性模量 E/GPa	泊松比 μ	屈服应力 σ_s/MPa	剪切模量 G/MPa
Al$_2$O$_{3(3D)}$	3900	375	0.15	200	192
铝合金	2800	73	0.33	75.83	28000

12.4.1.4　生成网格后运行算例

在 Al$_2$O$_{3(3D)}$ 与铝基体的界面和 Al$_2$O$_{3(3D)}$ 区域应力变化比较大，网格划分精细。而在对结果分析影响较小的区域（如铝基体边界区域），使用稀疏的网格划分。

在算例设计树中右键单击网格划分符号，选择"生成网格"，设置网格参数后单击"确定"，对模型进行网格划分，网格划分如图 12-31 所示。

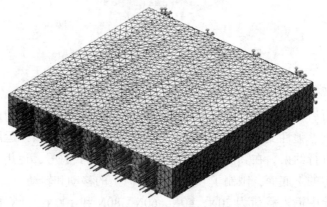

扫一扫看更清楚

图 12-31　网格划分

完成对零件指定材料、底面固定几何体、顶面施加压力和对模型进行网格划分后，直接运行 Simulation 求解。

12.4.2　计算数据分析

运行算例后所得的应力分布云图如图 12-32 所示，应变分布云图如图 12-33 所示。由图 12-32 可知：表明 1MPa 压力下，最大等效应力为 3.8MPa，出现在 $Al_2O_{3(3D)}$ 节点处。2MPa 压力下，最大等效应力为 6.7MPa，也出现在 $Al_2O_{3(3D)}$ 的节点处。对比两种不同压力的应力图，发现最大等效应力主要分布在 $Al_2O_{3(3D)}$ 上，或出现在 $Al_2O_{3(3D)}$ 节点处。铝基体中应力的分布具有对称性，且较为均匀。$Al_2O_{3(3D)}$ 承载了主要压力，起到增强 $Al_2O_{3(3D)}$/Al 抗压能力和提高应力传递的作用。从模拟数据还可知，$Al_2O_{3(3D)}$/Al 具有各向异性，这是 $Al_2O_{3(3D)}$/Al 重要特征。

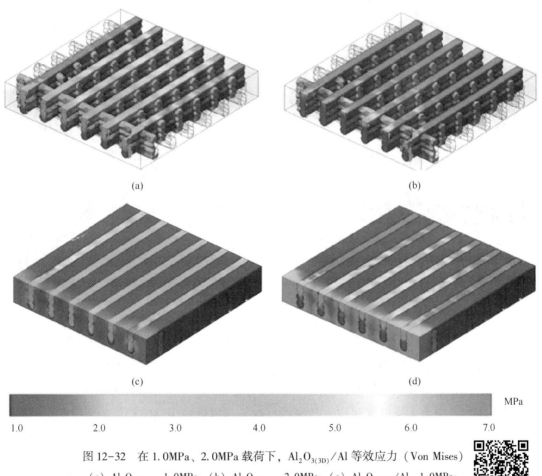

(a)　　　　　　　　　　　　　(b)

(c)　　　　　　　　　　　　　(d)

MPa

1.0　　　2.0　　　3.0　　　4.0　　　5.0　　　6.0　　　7.0

图 12-32　在 1.0MPa、2.0MPa 载荷下，$Al_2O_{3(3D)}$/Al 等效应力（Von Mises）
(a) $Al_2O_{3(3D)}$，1.0MPa；(b) $Al_2O_{3(3D)}$，2.0MPa；(c) $Al_2O_{3(3D)}$/Al，1.0MPa；
(d) $Al_2O_{3(3D)}$/Al，2.0MPa

扫一扫看更清楚

由图 12-33 可知：1.0MPa 和 2.0MPa 载荷下，$Al_2O_{3(3D)}$/Al 最大主应变分别为 $2.6×10^{-5}$、$6.9×10^{-5}$，均出现在铝基体的约束边界上。对两种不同压力条件下的应变数据分析，看到 $Al_2O_{3(3D)}$/Al 模型的应变量很小，基本上可认为没有发生应变，高硬度，高弹性模量的 $Al_2O_{3(3D)}$ 承载了主要负载，限制了铝基体变形，大大提高了 $Al_2O_{3(3D)}$/Al 的拉伸强度和压缩强度。

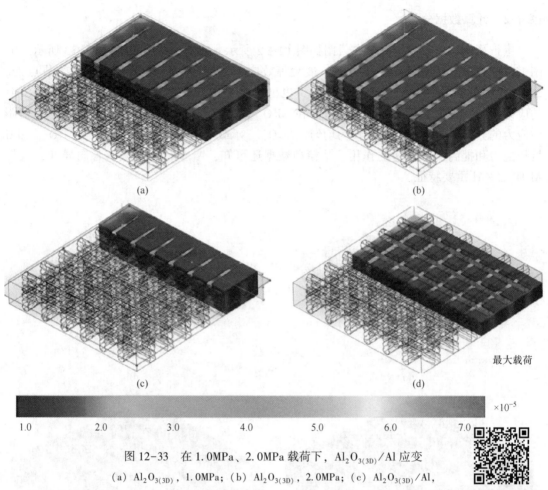

图 12-33 在 1.0MPa、2.0MPa 载荷下，$Al_2O_{3(3D)}$/Al 应变

(a) $Al_2O_{3(3D)}$，1.0MPa；(b) $Al_2O_{3(3D)}$，2.0MPa；(c) $Al_2O_{3(3D)}$/Al，

1.0MPa；(d) $Al_2O_{3(3D)}$/Al，2.0MPa

扫一扫看更清楚

　　此外，计算数据还预测，在负载下，$Al_2O_{3(3D)}$/Al 的双连续结构会诱导产生许多子界面和微裂纹，如图 12-34 所示。裂纹不会跨过 $Al_2O_{3(3D)}$ 和铝基体的结合界面，但会向着子界面变形延伸，这可提高裂纹的扩展能，提高 $Al_2O_{3(3D)}$/Al 的安全使用寿命。

　　综上所述，应力传递机制和应力共享机制对于有脆性成分 $Al_2O_{3(3D)}$ 的 $Al_2O_{3(3D)}$/Al 来说特别重要，因为连续的弹性相 Al 限制了脆性相 $Al_2O_{3(3D)}$ 的裂纹扩散和产生许多微小裂纹，最终提高了 $Al_2O_{3(3D)}$/Al 宏观失效。

　　采用单边约束和双边约束的边界条件研究 $Al_2O_{3(3D)}$/Al 的单边剪切、双边剪切性能，模拟数据如图 12-35 所示。可见，无论是单边约束还是双边约束的条件下，应力主要分布在 $Al_2O_{3(3D)}$ 上，$Al_2O_{3(3D)}$ 能快速的传递应力。说明 $Al_2O_{3(3D)}$ 减小了材料变形，极大增强了 $Al_2O_{3(3D)}$/Al 的抗剪切能力。

　　由图 12-35（c）（d）还可以看出，$Al_2O_{3(3D)}$/Al 微观损伤机理与材料的微观观测结果相吻合，$Al_2O_{3(3D)}$/Al 的裂纹萌生以基体撕裂和 $Al_2O_{3(3D)}$ 断裂为主。

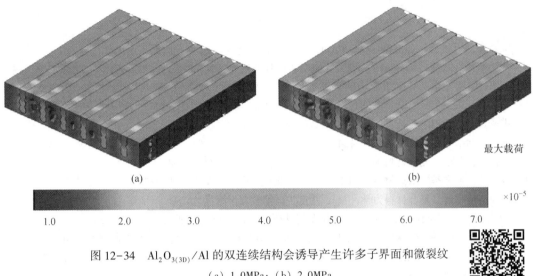

(a)　　　　　　　　　　　　　(b)

最大载荷

×10⁻⁵

1.0　　　2.0　　　3.0　　　4.0　　　5.0　　　6.0　　　7.0

图 12-34　Al₂O₃₍₃ᴅ₎/Al 的双连续结构会诱导产生许多子界面和微裂纹

（a）1.0MPa；（b）2.0MPa

扫一扫看更清楚

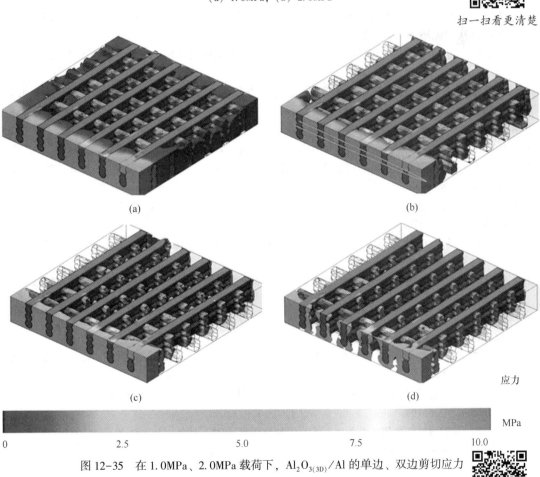

(a)　　　　　　　　　　　　　(b)

(c)　　　　　　　　　　　　　(d)

应力

MPa

0　　　　　2.5　　　　　5.0　　　　　7.5　　　　　10.0

图 12-35　在 1.0MPa、2.0MPa 载荷下，Al₂O₃₍₃ᴅ₎/Al 的单边、双边剪切应力

（a）Al₂O₃₍₃ᴅ₎，1.0MPa，单剪；（b）Al₂O₃₍₃ᴅ₎，1.0MPa，双剪；（c）Al₂O₃₍₃ᴅ₎/Al，
2.0MPa，单剪；（d）Al₂O₃₍₃ᴅ₎/Al，2.0MPa，双剪

扫一扫看更清楚

参 考 文 献

[1] 陈超祥，胡其登．SOLIDWORKS Simulation 基础教程［M］．北京：机械工业出版社，2018.

[2] 刘鸿莉，吕海霆．solidworks 机械设计简明实用基础教程［M］．北京：北京理工大学出版社，2017.

[3] 陈家祥．冶金学［M］．北京：冶金工业出版社，2013.

[4] 王春香，张少实，哈跃．基础材料力学［M］．北京：科学出版社，2007.

[5] 霍庆发．电解铝工业技术与装备［M］．沈阳：辽海出版社，2002.

[6] 陈骥．钢结构稳定理论与设计［M］．北京：科学出版社，2001.

[7] 杜善义，王彪．复合材料细观力学［M］．北京：科学出版社，1998.

[8] 钱之荣，范赋举．耐火材料实用手册［M］．北京：冶金工业出版社，1993.

[9] 周履，范赋群．复合材料力学［M］．北京：高等教育出版社，1991.

[10] 王相兵．工程机械臂系统结构动力学及特性研究［D］．杭州：浙江大学，2014.

[11] 张彦．纤维增强复合材料层合结构冲击损伤预测研究［D］．上海：上海交通大学，2007.

[12] 缪炳荣．基于多体动力学和有限元法的机车车体结构疲劳仿真研究［D］．成都：西南交通大学，2006. DOI：10.7666/d. y1131719.

[13] 朱浩．车用铝合金变形损伤和断裂机理研究与材料表征及有限元模拟［D］．兰州：兰州理工大学，2008. DOI：10.7666/d. y1292761.

[14] 冯银成．6061 铝合金热变形及时效过程中的组织力学行为研究［D］．长沙：湖南大学，2010. DOI：10.7666/d. y1724515.

[15] 崔新涛．多材料结构汽车车身轻量化设计方法研究［D］．天津：天津大学，2007. DOI：10.7666/d. y1362198.

[16] 吴跃成．驱动桥疲劳可靠性分析与试验方法研究［D］．杭州：浙江大学，2008.

[17] 杨博．基于模态分析法的轿车车身结构低频噪声研究［D］．上海：上海交通大学，2006.

[18] 朱容庆．重型载重汽车车架轻量化设计研究［D］．武汉：武汉理工大学，2006. DOI：10.7666/d. y860324.

[19] 李辉．基于车身强度准则法的结构轻量化设计与研究［D］．武汉：武汉理工大学，2010. DOI：10.7666/d. y1679805.

[20] 童荣辉．基于 CAE 的汽车发动机罩板材料轻量化研究［D］．上海：同济大学，2008. DOI：10.7666/d. y1378165.

[21] 何扬．汽车发动机、底盘零部件轻量化技术路线研究［D］．上海：同济大学，2005. DOI：10.7666/d. w1656150.

[22] 赵慧慧．重型汽车车架的结构有限元分析与轻量化设计研究［D］．南京：南京航空航天大学，2007. DOI：10.7666/d. d053248.

[23] 刘文华．高强度钢板在汽车轻量化中的应用研究［D］．武汉：武汉理工大学，2009. DOI：10.7666/d. y1474555.

[24] 董全省．纯电动汽车车身轻量化的设计与研究［D］．武汉：武汉理工大学，2013. DOI：10.7666/d. Y2363199.

[25] 李玉璇．基于耐撞性数值仿真的汽车车身轻量化研究［D］．上海：上海交通大学，2004.

[26] 肖丽芳．车身保险杠碰撞仿真分析及轻量化研究［D］．上海：同济大学，2009. DOI：10.7666/d. y1449876.

[27] 王皎．重型特种车车架强度分析及其轻量化问题研究［D］．武汉：武汉理工大学，2005. DOI：10.7666/d. y719562.

[28] 吴春虎．轻型货车驱动桥壳结构分析及轻量化设计［D］．济南：山东大学，2011. DOI：

10. 7666/d. y1936857.

［29］ 邵薇 . 基于多材料结构的汽车车身轻量化设计与研究 ［D］. 天津：天津大学，2007. DOI：10. 7666/d. y1360699.

［30］ 黄磊 . 以轻量化为目标的汽车车身优化设计 ［D］. 武汉：武汉理工大学，2013. DOI：10. 7666/d. Y2363195.

［31］ 武晋 . 汽车轻量化高强度钢板成形性能研究 ［D］. 天津：天津理工大学，2008. DOI：10. 7666/d. y1591511.

［32］ 曲昌荣 . 汽车车架的轻量化设计 ［D］. 成都：西华大学，2006. DOI：10. 7666/d. y906804.

［33］ 阎军 . 超轻金属结构与材料性能多尺度分析与协同优化设计 ［D］. 大连：大连理工大学，2007. DOI：10. 7666/d. y1193532.

［34］ Guo L H, Zhang Y M, Zhang G, et al. MXene-Al_2O_3 synergize to reduce friction and wear on epoxy-steel contacts lubricated with ultra-low sulfur diesel ［J］. Tribology International, 2021, 153：106588.

［35］ Shi H, Zhou P, Li J, et al. Functional gradient metallic biomaterials：techniques, current scenery, and future prospects in the biomedical field ［J］. Frontiers in Bioengineering and Biotechnology, 2021, 8：1510.

［36］ Saleh B, Jiang J, Fathi R, et al. Influence of gradient structure on wear characteristics of centrifugally cast functionally graded magnesium matrix composites for automotive applications ［J］. Archives of Civil and Mechanical Engineering, 2021, 21 (1)：12.

［37］ Bu Y F, Xu M J, Liang H Y, et al. Fabrication of low friction and wear carbon/epoxy nanocomposites using the confinement and self-lubricating function of carbon nanocage fillers ［J］. Applied Surface Science, 2021, 538：148109.

［38］ Font A, Soriano L, Monzo J, et al. Salt slag recycled by-products in high insulation alternative environmentally friendly cellular concrete manufacturing ［J］. Construction and Building Materials, 2020, 231：117114.

［39］ Grejtak T, Jia X, Cunniffe A R, et al. Whisker orientation controls wear of 3D-printed epoxy nanocomposites ［J］. Additive Manufacturing, 2020, 36：101515.

［40］ Huang H, Yan L, Guo Y, et al. Morphological, mechanical and thermal properties of PA6 nanocomposites co-incorporated with nano-Al_2O_3 and graphene oxide fillers ［J］. Polymer, 2020, 188：122119.

［41］ Capricho J C, Fox B, Hameed N. Multifunctionality in epoxy resins ［J］. Polymer Reviews, 2020, 60 (1)：1~41.

［42］ Fouly A, Alkalla M G. Effect of low nanosized alumina loading fraction on the physicomechanical and tribological behavior of epoxy ［J］. Tribology International, 2020, 152：106550.

［43］ Dong X, Zhao H, Li J, et al. Progress in bioinspired dry and wet gradient materials from design principles to engineering applications ［J］. Iscience, 2020, 23 (11)：101749.

［44］ Peerzada M, Abbasi S, Lau K T, et al. Additive manufacturing of epoxy resins：materials, methods, and latest trends ［J］. Industrial & Engineering Chemistry Research, 2020, 59 (14)：6375~6390.

［45］ Yoldi M, Fuentes-Ordonez E G, Korili S A, et al. Zeolite synthesis from aluminum saline slag waste ［J］. Powder Technology, 2020, 366：175~184.

［46］ Wang X Y, Yang K, John H K. Comparison of extreme learning machine models for gasoline octane number forecasting by near-infrared spectra analysis ［J］. Optik, 2020, 200 (200)：22~25.

［47］ Ahmadi Z. Nanostructured epoxy adhesives：a review ［J］. Progress in Organic Coatings, 2019, 135：449~453.

［48］ Kang Y, Swain B, Im B, et al. Synthesis of zeolite using aluminum dross and waste LCD glass powder：A waste to waste integration valorization process ［J］. Metals, 2019, 9 (12)：1240.

[49] Fu K X, Xie Q, Lu F C, et al. Molecular dynamics simulation and experimental studies on the thermome-chanical properties of epoxy resin with different anhydride curing agents [J]. Polymers, 2019, 11 (6): 975.

[50] Lucas A G, Marcelo A T. Finite element modeling and parametric analysis of a dielectric elastomer thin-walled cylindrical actuator [J]. Springer Berlin Heidelberg, 2019, 41 (1): 55~70.

[51] Wang Ying, Xing Shuming, Ao Xiaohui, et al. Microstructure evolution of A380 aluminum alloy during rheological process under applied pressure [J]. China Foundry, 2019, 16 (18): 370~371.

[52] Karan S. Valves and actuator integrity and blast load calculations [J]. SN Applied Sciences, 2019, 1 (6): 22~38.

[53] Mahinroosta M, Allahverdi A, Dong P, et al. Green template-free synthesis and characterization of meso-porous alumina as a high value-added product in aluminum black dross recycling strategy [J]. Journal of Alloys and Compounds, 2019, 792: 161~169.

[54] Leiva C, Luna Y, Arenas C, et al. A porous geopolymer based on aluminum-waste with acoustic properties [J]. Waste Management, 2019, 95: 504~512.

[55] Yoldi M, Fuentes-Ordonez E G, Korili S A, et al. Zeolite synthesis from industrial wastes [J]. Microporous and Mesoporous Materials, 2019, 287: 183~191.

[56] Zhang P, Kan L, Zhang X Y, et al. Supramolecularly toughened and elastic epoxy resins by grafting 2-urei-do-4 1H-pyrimidone moieties on the side chain [J]. European Polymer Journal, 2019, 116: 126~133.

[57] Kang R Y, Zhang Z Y, Guo L C, et al. Enhanced thermal conductivity of epoxy composites filled with 2D transition metal carbides (MXenes) with ultralow loading [J]. Scientific Reports, 2019, 9: 9135.

[58] Meshram A, Jain A, Gautam D, et al. Synthesis and characterization of tamarugite from aluminium dross: Part I [J]. Journal of Environmental Management, 2019, 232: 978~984.

[59] Yang Q, Li Q, Zhang G, et al. Investigation of leaching kinetics of aluminum extraction from secondary alu-minum dross with use of hydrochloric acid [J]. Hydrometallurgy, 2019, 187: 158~167.

[60] Li Q, Yang Q, Zhang G, et al. Investigations on the hydrolysis behavior of AlN in the leaching process of secondary aluminum dross [J]. Hydrometallurgy, 2018, 182: 121~127.

[61] Mahinroosta M, Allahverdi A. Enhanced alumina recovery from secondary aluminum dross for high purity nanostructured gamma-alumina powder production: Kinetic study [J]. Journal of Environmental Manage-ment, 2018, 212: 278~291.

[62] Goyat M S, Rana S, Halder S, et al. Facile fabrication of epoxy-TiO$_2$ nanocomposites: A critical analysis of TiO$_2$ impact on mechanical properties and toughening mechanisms [J]. Ultrasonics Sonochemistry, 2018, 40: 861~873.

[63] Yu J J, Zhao W J, Wu Y H, et al. Tribological properties of epoxy composite coatings reinforced with func-tionalized C-BN and H-BN nanofillers [J]. Applied Surface Science, 2018, 434: 1311~1320.

[64] Meshram A, Singh K K. Recovery of valuable products from hazardous aluminum dross: A review [J]. Re-sources Conservation and Recycling, 2018, 130: 95~108.

[65] Leung S N. Thermally conductive polymer composites and nanocomposites: processing-structure-property relationships [J]. Composites Part B-Engineering, 2018, 150: 78~92.

[66] Mahinroosta M, Allahverdi A. Hazardous aluminum dross characterization and recycling strategies: a critical review [J]. Journal of Environmental Management, 2018, 223: 452~468.

[67] Liu S, Chevali V S, Xu Z G, et al. A review of extending performance of epoxy resins using carbon nanoma-terials [J]. Composites Part B-Engineering, 2018, 136: 197~214.

[68] Ewais E M M, Besisa N H A. Tailoring of magnesium aluminum titanate based ceramics from aluminum

dross [J]. Materials & Design, 2018, 141: 110~119.

[69] Singh S K, Singh S, Kumar A, et al. Thermo-mechanical behavior of TiO_2 dispersed epoxy composites [J]. Engineering Fracture Mechanics, 2017, 184: 241~248.

[70] Bobby S, Samad M A. Enhancement of tribological performance of epoxy bulk composites and composite coatings using micro/nano fillers: a review [J]. Polymers for Advanced Technologies, 2017, 28 (6): 633~644.

[71] Liu Z Q, Meyers M A, Zhang Z F, et al. Functional gradients and heterogeneities in biological materials: design principles, functions, and bioinspired applications [J]. Progress in Materials Science, 2017, 88: 467~498.

[72] Dai C, Apelian D. Fabrication and characterization of aliminum dross-containing mortar composites: upcyling of a waste product [J]. Journal of Sustainable Metallurgy, 2017, 3 (2): 230~238.

[73] Nong X D, Jiang Y L, Fang M, et al. Numerical analysis of novel SiC_3D/Al alloy co-continuous composites ventilated brake disc [J]. International Journal of Heat and Mass Transfer, 2017, 108: 1374~1382.

[74] Sánchez-Hernández R, López-Delgado A, Padilla I, et al. One-step synthesis of NaP1, SOD and ANA from a hazardous aluminum solid waste [J]. Microporous and Mesoporous Materials, 2016, 226: 267~277.

[75] Gil A, Korili S A. Management and valorization of aluminum saline slags: current status and future trends [J]. Chemical Engineering Journal, 2016, 289: 74~84.

[76] Dragatogiannis D A, Perivoliotis D K, Karagiovanaki S, et al. Effect of magnetite particle loading on mechanical and strain sensing properties of polyester composites [J]. Meccanica, 2016, 51 (3): 693~705.

[77] Hyun W K, Kee P K. Tool and process design for progressive forming of an automotive bracket part using finite element analysis [J]. Journal of Mechanical Science and Technology, 2016, 30 (6): 9~25.

[78] Shinzato M C, Hypolito R. Effect of disposal of aluminum recycling waste in soil and water bodies [J]. Environmental Earth Sciences, 2016, 75 (7): 628~638.

[79] Kumar K, Ghosh P K, Kumar A. Improving mechanical and thermal properties of TiO_2-epoxy nanocomposite [J]. Composites Part B-Engineering, 2016, 97: 353~360.

[80] Marouf B T, Mai Y W, Bagheri R, et al. Toughening of epoxy nanocomposites: nano and hybrid effects [J]. Polymer Reviews, 2016, 56 (1): 70~112.

[81] Wang B, Yang W, Sherman V R, et al. Pangolin armor: overlapping, structure, and mechanical properties of the keratinous scales [J]. Acta Biomaterialia, 2016, 41: 60~74.

[82] Tsakiridis P E, Oustadakis P, Moustakas K, et al. Cyclones and fabric filters dusts from secondary aluminium flue gases: a characterization and leaching study [J]. International Journal of Environmental Science and Technology, 2016, 13 (7): 1793~1802.

[83] Naleway S E, Porter M M, Mckittrick J, et al. Structural design elements in biological materials: application to bioinspiration [J]. Advanced Materials, 2015, 27 (37): 5455~5476.

[84] Jin F L, Li X, Park S J. Synthesis and application of epoxy resins: a review [J]. Journal of Industrial and Engineering Chemistry, 2015, 29: 1~11.

[85] Goyat M S, Suresh S, Bahl S, et al. Thermomechanical response and toughening mechanisms of a carbon nano bead reinforced epoxy composite [J]. Materials Chemistry and Physics, 2015, 166: 144~152.

[86] Bukhari S S, Behin J, Kazemian H, et al. Conversion of coal fly ash to zeolite utilizing microwave and ultrasound energies: a review [J]. Fuel, 2015, 140: 250~266.

[87] Gil A, Albeniz S, Korili S A. Valorization of the saline slags generated during secondary aluminium melting processes as adsorbents for the removal of heavy metal ions from aqueous solutions [J]. Chemical Engineer-

ing Journal, 2014, 251: 43~50.

[88] Hwang Y, Kim M, Kim J. Fabrication of surface-treated SiC/epoxy composites through a wetting method for enhanced thermal and mechanical properties [J]. Chemical Engineering Journal, 2014, 246: 229~237.

[89] Tsakiridis P E, Oustadakis P, Agatzini-Leonardou S. Black dross leached residue: an alternative raw material for portland cement clinker [J]. Waste and Biomass Valorization, 2014, 5 (6): 973~983.

[90] Zamanian M, Mortezaei M, Salehnia B, et al. Fracture toughness of epoxy polymer modified with nanosilica particles: particle size effect [J]. Engineering Fracture Mechanics, 2013, 97: 193~206.

[91] Zimmermann E A, Gludovatz B, Schaible E, et al. Mechanical adaptability of the bouligand-type structure in natural dermal armour [J]. Nature Communications, 2013, 4: 2634.

[92] David E, Kopac J. Aluminum recovery as a product with high added value using aluminum hazardous waste [J]. Journal of Hazardous materials, 2013, 261: 316~324.

[93] Ayatollahi M R, Alishahi E, Doagou R S, et al. Tribological and mechanical properties of low content nano-diamond/epoxy nanocomposites [J]. Composites Part B-Engineering, 2012, 43 (8): 3425~3430.

[94] David E, Kopac J. Hydrolysis of aluminum dross material to achieve zero hazardous waste [J]. Journal of Hazardous materials, 2012, 209: 501~509.

[95] Ahmed K S, Khalid S S, Mallinatha V, et al. Dry sliding wear behavior of SiC/Al$_2$O$_3$ filled jute/epoxy composites [J]. Materials & Design, 2012, 36: 306~315.

[96] Tsakiridis P E. Aluminium salt slag characterization and utilization—a review [J]. Journal of Hazardous Materials, 2012, 217: 1~10.

[97] Bajare D, Korjakins A, Kazjonovs J, et al. Pore structure of lightweight clay aggregate incorporate with non-metallic products coming from aluminium scrap recycling industry [J]. Journal of the European Ceramic Society, 2012, 32 (1): 141~148.

[98] Rosu D, Cascaval C N, Mustata F, et al. Cure kinetics of epoxy resins studied by non-isothermal DSC data F, Cascaval C N. Investigation of the curing reactions of some multifunctional epoxy resins using differential scanning caorimetry [J]. Thermochim Acta, 2011, 370: 105.

[99] Mi G, Nan H, Liu Y, et al. Influence of inclusion on crack initiation in wheel rim [J]. Journal of Iron and Steel Research International, 2011, 18 (1): 49~54.

[100] Goyat M S, Ray S, Ghosh P K. Innovative application of ultrasonic mixing to produce homogeneously mixed nanoparticulate-epoxy composite of improved physical properties [J]. Composites Part a—Applied Science and Manufacturing, 2011, 42 (10): 1421~1431.